建筑电气工程与电气自动化技术探索

王红杰 蒋勇辉 ◎著

中国出版集团

中译出版社

图书在版编目（CIP）数据

建筑电气工程与电气自动化技术探索 / 王红杰，蒋
勇辉著. -- 北京：中译出版社，2023. 12
　　ISBN 978-7-5001-7707-4

　　Ⅰ. ①建… Ⅱ. ①王… ②蒋… Ⅲ. ①房屋建筑设备
—电气设备—建筑安装—工程施工—研究②电气化—自动
化技术—研究 Ⅳ. ①TU85②TM92

中国国家版本馆CIP数据核字(2024)第022070号

建筑电气工程与电气自动化技术探索

JIANZHU DIANQI GONGCHENG YU DIANQI ZIDONGHUA JISHU TANSUO

著　　者：王红杰　蒋勇辉
策划编辑：于　宇
责任编辑：于　宇
文字编辑：田玉肖
营销编辑：马　萱　钟筱童
出版发行：中译出版社
地　　址：北京市西城区新街口外大街 28 号 102 号楼 4 层
电　　话：（010）68002494（编辑部）
邮　　编：100088
电子邮箱：book@ctph.com.cn
网　　址：http://www.ctph.com.cn

印　　刷：北京四海锦诚印刷技术有限公司
经　　销：新华书店
规　　格：787 mm×1092 mm　1/16
印　　张：12.75
字　　数：250 千字
版　　次：2025 年 1 月第 1 版
印　　次：2025 年 1 月第 1 次印刷

ISBN 978-7-5001-7707-4　　　定价：68.00 元

前　言

　　随着我国经济的迅猛发展和建设项目的快速增长，建筑工业正逐渐成为国民经济发展的重要领域。建筑电气工程是实现设计者意图的唯一手段，也是检验设计正确与否的主要方法。要想在激烈的市场竞争中站稳脚步，建筑企业就需要最大限度的保证建筑电气工程的整体安装质量。另外，建筑电气工程安装在进行施工中会有很多的原因所影响，如果一个环节有问题出现就会给电气工程的整体施工质量带来严重的威胁。为此，要想让建筑电气工程安装的质量水平有所保障，就要求施工单位要进行有效地措施才能将电气工程运行过程中造成的故障发生率大大降低，同时要将电气工程安装技术中的要点采取明确化，引进大量的先进技术。

　　电力系统是由发电厂、送变电线路、供配电所和用电等环节组成的电能生产与消费系统。它的功能是将自然界的一次能源通过发电动力装置转化成电能，再经输电、变电和配电将电能供应到各用户。为实现这一功能，电力系统在各个环节和不同层次还具有相应的信息与控制系统，对电能的生产过程进行测量、调节、控制、保护、通信和调度，以保证用户获得安全、优质的电能。

　　本书详细介绍了建筑电气工程与电气自动化技术，书中首先概括了建筑电气基础知识，让读者对建筑电气有了初步的认知；深入分析了建筑电力系统供配电与运行控制、建筑电气工程设计与施工、智能建筑电气工程施工设计及电气控制应用技术，最后研究了电气自动化技术及其应用，以理论与实践相结合的方式呈现。本书论述严谨，结构合理、条理清晰、重点突出、通俗易懂，具有前瞻性、科学性、系统性和指导性。

目　　录

第一章 建筑电气基础知识

第一节 建筑电气概述

一、建筑电气的定义

建筑电气是指为建筑物和人类服务的各种电气、电子设备，提供用电系统和电子信息系统。

建筑电气系统包括电力系统和智能建筑系统两部分。

（一）电力系统

电力系统指电能分配供应系统和所有电能使用设备与建筑物相关的电气设备主要用于电气照明采暖通风、运输等。向各种电气设备供电需要通过供配电系统，一般是从高压或中压电力网取得电力，经变压器降压后，用低压配电柜或配电箱向终端供电。有的建筑物还有自备发电机或应急电源设备。对于供电不能间断的设备，需要配备不间断电源设备。

供配电设备包括变配电所、建筑物配电设备、单元配电设备、电能计量设备、户配电箱等。

电能使用设备包括电气照明、插座、空调、热水器、供水排水、家用电器等。为了保证各种设备的安全可靠运行，电力系统需要采用防雷、防雷击电磁脉冲、接地、屏蔽等措施。

（二）智能建筑系统

1. 建筑物自动化系统

建筑物自动化系统包含建筑物设备的控制系统、家庭自动化系统、能耗计量系统、停车库管理系统，还可以包括火灾自动报警和消防联动控制、安全防范系统。安全防范系统可包含视频监控系统、出入口控制系统、电子巡查系统、边界防卫系统、访客对讲系统。住宅可以包括水表、电表、燃（煤）气表、热能（暖气）表的远程自动计量系统。

2. 通信系统

通信系统包含电话系统、公共（有线）广播系统、电视系统等。

3. 办公自动化系统

办公自动化系统包含计算机网络、公共显示和信息查询装置，是为物业管理或业主和用户服务的办公系统。办公自动化系统可分为通用和专用两种。住宅可以包括住户管理系统、物业维修管理系统。

二、电气基础知识

智能建筑是在建筑平台上实现的，脱离了建筑这个平台，智能建筑也就无法实施。建筑电气系统是现代建筑实行智能化的核心，它对整个建筑物功能的发挥、建筑的布局、结构的选择、建筑艺术的体现、建筑的灵活性以及建筑安全保证等方面，都起着十分重要的作用。建筑电气信号系统是建筑电气系统中专门用于传输各类信号的弱电系统。智能建筑中弱电系统的设备、缆线安全必须依靠电气技术，如电源技术、防雷与接地技术、防谐波技术、抗干扰技术、屏蔽技术、防静电技术、布线技术、等电位技术等众多的电气技术来支持方可奏效。建筑电气信号系统主要有：消防监测系统、闭路监视系统、计算机管理系统、共用电视天线系统、广播系统和无线呼叫系统等。

（一）电路基础知识

1. 电路组成

电路由电源、负载和中间环节组成。常见负载有电阻器、电容器和电感器。

（1）电阻

电阻是导体的一种基本性质，与导体的尺寸、材料、温度有关。电阻在电路中具有降低电压、电流的作用。

电阻器是用导体制成的具有一定阻值的元件。电阻器的种类很多，通常分为碳膜电阻、金属电阻、线绕电阻等。此外，还有固定电阻、可变电阻、光敏电阻、压敏电阻、热敏电阻等。

电阻的基本表示符号是"R"。

电阻的单位为欧姆（Ω），常用单位有 Ω（欧）、kΩ（千欧）、MΩ（兆欧）等。

（2）电容

电容指电容器的两极间的电场与其电量的关系。

电容器由两个金属极中间夹有绝缘材料（介质）构成。绝缘材料不同，所构成的电容器的种类也不同。

①电容器按结构可分为固定电容、可变电容、微调电容。

②按介质材料可分为气体介质电容、液体介质电容、无机固体介质电容、有机固体介质电容和电解电容。

③按极性可分为有极性电容和无极性电容。我们最常见到的极性电容是电解电容。

电容在电路中具有隔断直流电、通过交流电的作用，因此常用于级间耦合、滤波、去耦合、旁路及信号调谐。

电容的基本表示符号为"C"。

（3）电感

电感是指导体产生的磁场与其电流的关系。在电路中，当电流流过导体时，会产生电磁场，电感是衡量线圈产生电磁感应能力的物理量。给一个线圈通入电流，线圈周围就会产生磁场，线圈所围的面积中就有磁通量通过。通入线圈的电流越大，磁场就越强，通过线圈的磁通量就越大。实验证明，通过线圈的磁通量和通入的电流是成正比的，它们的比值称自感系数，也叫电感。如果通过线圈的磁通量用 Φ 表示，电流用 I 表示，电感用 L 表示，那么 $L = \Phi/I$。

能产生电感作用的元件统称为电感元件，常常直接简称为电感器。

①电感器按导磁体性质可分为空芯线圈、铁氧体线圈、铁芯线圈、铜芯线圈。

②按工作性质可分为天线线圈、振荡线圈、扼流线圈、陷波线圈、偏转线圈。

③按绕线结构可分为单层线圈和多层线圈。

电感的作用是阻交流通直流、阻高频通低频（滤波）。电感的基本表示符号为"L"。

2. 电路中的物理量

电路中常用物理量有电压、电流、功率。

（1）电压

电压（U）为两点电位差。各点电位与参考点有关。

（2）电流

导体中的电荷运动形成电流，计量电流大小的物理量也叫电流。电流定义为单位时间内通过导体横截面的电量（Q）。电流的方向规定为正电荷运动的方向，即由电源正极流出，回到负极。

（3）电功率

电功率（P）表示电能的瞬时强度。一个元件消耗的电功率等于该元件两端所加的电压与通过该元件电流的乘积，即 $P = UI$。

3. 欧姆定律

欧姆定律用于表示电路中电压、电流和电阻的关系。

（1）一般电路的欧姆定律

设一个电阻（R）上的电压为 U，流过的电流为 I，则各量之间的关系为 $I = U/R$ 或 $U = IR$，这就是欧姆定律。

（2）全电路欧姆定律

全电路欧姆定律表示电源电动势与负载两端电压和电源内阻上电压之间的关系，即电源电动势等于负载两端电压与电源内阻上的电压之和。

（二）电源

电源是供给用电设备电能的装置。电能可以分为直流电和交流电。

1. 直流电

直流电的方向不会随着时间而发生改变，所以比较稳定，现在电子设备中必须有的一个功能特点，就是一定要有良好的稳定性，而在这里我们就要用到这一种，所以需要用到别的东西，在这两者之间发生一定的转变，并且它产生的磁场是比较稳定的，所以经常被用于一些比较重要的控制系统，如变电站、移动通信基站等。

2. 交流电

交流电指供电的电压或电流是有规律随时间变化的电源。它可以通过变压器进行改变，但是另外一种却不能实现这一点，所以在长距离的电能输送中，我们是采用会变化的那一种类型的，主要是因为电缆都非常的长，我们学过物理就会知道，这样会使电阻非常大，从而发生很大的能量损耗，所以一定要加大输出的电压，这样就能减少损耗。最后，在终端又可以通过变压器将高电压转化成比较合适的电压，正是这样，我们才会在大规模远距离上都采用高压交流输电模式。其变化规律理想的是正弦波。

（1）正弦交流电

正弦交流电的电压或电流随时间而按照正弦函数做周期性变化。正弦交流电的电压或电流有瞬时值：幅值和有效值。

（2）交流电的参数

该参数主要有周期、频率、角频率、相位。

①周期

交流电的周期（T）指变化一个循环所需要的时间，单位为 s。

②频率

交流电的频率（f）指交流电每秒钟变化的周期数，单位为 s 或 Hz。

③角频率

交流电的角频率（a）为每秒变化的弧度，单位为 rad/s。

④相位

在交流电中，相位是反映交流电任何时刻的状态的物理量。交流电的大小和方向是随时间变化的。如正弦交流电流，它的公式是 $i = I\sin 2\pi ft$。i 是交流电流的瞬时值，I 是交流电流的最大值，I 是交流电的频率，t 是时间。随着时间的推移，交流电流可以从零变到最大值，从最大值变到零，又从零变到负的最大值，再从负的最大值变到零。在三角函数中 $2\pi ft$ 相当于弧度，它反映了交流电任何时刻所处的状态，是在增大还是在减小，是正的还是负的等。因此把 $2\pi ft$ 叫作相位，或者叫作相。

3. 交流电路

交流电路是指电源的电动势随时间做周期性变化，使得电路中的电压、电流也随时间做周期性变化，这种电路叫作交流电路。如果电路中的电动势电压、电流随时间做简谐变化，该电路就叫简诸交流电路或正弦交流电路，简称正弦电路。

4. 交流电源

交流电源是现代词，是一个专有名词。三相稳压器实际就是把三个稳压单元用"Y"形接法连接在一起，再用控制电路板和电机驱动系统来控制调压变压器，达到稳定输出电压的功能。如果三个调压变压器的滑臂都是由一个电机来驱动的，则为统调稳压器，如果三个调压变压器的滑臂由三个电机来独立调整的就是三相分调式稳压器。它们的工作原理同单相的稳压器完全相同。

5. 电源质量

近年来，电力网中非线性负载逐渐增加，如变频驱动或晶闸管整流直流驱动设备、计算机、重要负载所用的不间断电源（UPs）、节能荧光灯系统等，这些非线性负载将导致电网污染，电力品质下降，引起供用电设备故障，甚至引发严重火灾事故等。世界上的一些建筑物突发火灾已被证明与电力污染有关。

电力污染及电力品质恶化主要表现在：电压波动及闪变、谐波、浪涌冲击、三相不平衡等方面。下面重点介绍前两者。

（1）电压波动及闪变

电压波动是指多个正弦波的峰值在一段时间内超过（低于）标准电压值，大约从半周期到几百个周期，即从 10ms~2.5s，包括过电压波动和欠电压波动。普通避雷器和过电压保护器完全不能消除过电压波动，因为它们是用来消除瞬态脉冲的。普通避雷器在限压动作时有相当大的电阻值，考虑到其额定热容量（焦耳），这些装置很容易被烧毁，而无法提供以后的保护功能。这种情况往往很容易被忽视掉，这是导致计算机、控制系统和敏感设备故障或停机的主要原因。另一个相反的情况是欠电压波动，它是指多个正弦波的峰值在一段时间内低于标准电压值，或如通常所说的晃动或降落。长时间的低电压情况可能是由供电公司或由于用户过负载造成的，这种情况可能是事故现象或计划安排。更为严重的是失压，它大多是由于配电网内重负载的分合造成的，如大型电动机、中央空调系统、电弧炉等的启停以及开关电弧、熔丝烧断、断路器跳闸等。

闪变是指电压波动造成的灯光变化现象对人的视觉产生的影响。

（2）谐波

交流电源的谐波电流是指其中的非正弦波电流。电源谐波的定义是，对周期性非正弦波电量进行数学分解，除了得到与电网基波频率相同的分量，还得到一系列频率大于电网基波频率的分量，这种正弦波称为谐波。

电源污染会对用电设备造成严重危害，主要有以下几种。

①干扰通信设备、计算机系统等电子设备的正常工作，造成数据丢失或死机。

②影响无线电发射系统、雷达系统、核磁共振等设备的工作性能，造成噪声干扰或图像紊乱。

③引起电气自动装置误动作，甚至发生严重事故。

④从供电系统中汲取谐波电流会迫使电压波形发生畸变，如果不加以抑制，就会给供电系统的其他用户带来麻烦。它会使电气设备过热、加大振动和噪声、加速绝缘老化、缩短使用寿命，甚至发生故障或烧毁。它将给电缆、变压器及电动机带来问题，如中性线电流过大还会造成灯光亮度的波动（闪变），影响工作效益，导致供电系统功率损耗增加。

三、电力系统概述

电力系统是由发电、变电、输电、配电和用电等环节组成的电能生产与消费系统。它的功能是将自然界的一次能源通过发电动力装置（主要包括锅炉、汽轮机、发电机及电厂辅助生产系统等）转化成电能，再经输、变电系统及配电系统将电能供应到各负荷中心。由于电源点与负荷中心多数处于不同地区，也无法大量储存，电能生产必须时刻保持与消费平衡。因此，电能的集中开发与分散使用，以及电能的连续供应与负荷的随机变化，就制约了电力系统的结构和运行。

（一）对电力系统的要求

对电力系统的要求是其要具有可靠性和经济性。可靠性指故障少、维修方便。要达到经济性，可以采用经济运行，如按照不同季节安排各种发电厂、适当调配负荷、提高设备利用率、减少备用设备等。

（二）电力系统的参数

电力系统的参数有电力系统电压、频率。目前我国电力系统电压等级有220V，380V，3kV，6kV，10kV，35kV，220kV，500kV 等。我国电力系统的额定频率为50Hz。

（三）建筑物供电

建筑物的供电有直接供电或变压器供电两种方式。

①直接供电用于负荷小于100kW 的建筑物。由电力部门通过公用变压器，直接以220V/380V 供电。

②对于规模较大的建筑物，电力部门以高压或中压电源，通过专用变电所降为低压供电。按照建筑物规模不同可以设置不同的变压器。如对于一般小型民用建筑，可以用10kV/0.4kV 变压器；对于较大型民用建筑，可以设置多台变压器；而对于大型民用建筑用35kV/10kV/0.4kV 多台变压器。

（四）变、配电所类型

变电所有户外变电所、附属变电所、户内变电所、独立变电所、箱式变电所、杆台变电所等类型。

配电所有附属配电所、独立配电所和变配电所等类型。

四、电子信息系统概述

（一）电子信息系统定义及构成

电子信息系统是按照一定应用目的和规则对信息进行采集、加工、存储、传输、检索等处理的人机系统，由计算机、有（无）线通信设备、处理设备、控制设备及其相关的配套设备、设施（含网络）等的电子设备构成。

信息技术指信息的编制、储存和传输技术。

（二）信号的形式、参数及电平

1. 信号形式

一般来说，信号有模拟信号和数字信号两种形式。

（1）模拟信号

模拟信号指信号幅值可以从 0 到其最大值连续随时变化的信号，如声音信号。

（2）数字信号

数字信号指信号幅值随时变化，但是只能为 0 或其最大值的信号，如数字计算机的信号。

因模拟信号的处理比较复杂，所以常将其转化为数字信号处理。

2. 信号参数

信号参数有周期、频率、幅值等。

（1）周期

周期指信号重复变化的时间，单位为秒（s）。

（2）频率

频率指信号每秒变化的次数，单位为赫兹（Hz）。

（3）幅值

幅值指数字信号的变化值。

（4）位

数字信号的幅值变化一次称为位。

（5）传输速率

数字信号的传输速率单位为位/秒（bit/s）、千位/秒（kbit/s）、兆位/秒（Mbit/s）。

3. 信号电平

分贝表示无线信号从前端到输出口，其功率变化很大。这样大的功率变化范围在表达上或运算时都很不方便，因此通常都采用分贝来表示。系统各点电平即为该点功率与标准参考功率比的分贝数，也叫"分贝比"。分贝用"dB"表示。

（1）分贝毫瓦（dBm）

规定 1mW 的功率电平为 0 分贝，写成 0dBm 或 0dBms。不同功率下的 dBm 值可进行简单换算。

（2）分贝毫伏（dBmV）

规定在 750 阻抗上产生 1mV 电压的功率作为标准参考功率，电平为 0 分贝，写成 0 dBms。

（3）分贝微伏（dBμV）

规定在 750 阻抗上产生 1p 电压的功率为标准参考功率。

（4）每米分贝微伏（dBV/m）

在表示信号电场强度（简称场强）大小时常用 dBV/m，它指开路空间电位差，在每米 1μV 时为 0dB。假设在城市中接收甚高频和特高频的电波场强为 3.162mV/m。

（5）功率通量密度

对于空间中的电波，人们感兴趣的是信号场强和功率通量密度。由于接收点离卫星或者广播电视发射塔很远，所以可以近似地把广播电视的电波看成平面电磁波。

（三）电子器件

电子器件有电子管和半导体等。目前常用的是半导体电子器件。

电子管是一种真空器件，它利用电场来控制电子流动。

半导体是利用电子或空穴的转移作用，产生漂移电流或扩散电流而导电的材料。它的导电功能是可以控制的。半导体有本征半导体和杂质半导体两种。

1. 半导体器件

常用半导体器件有二极管、三极管、场效应管和晶闸管等。

（1）二极管

二极管是利用半导体器件的单向导电性能制成的器件。二极管一般用作整流器。

（2）三极管

三极管是利用半导体器件的放大性能制成的器件，它有三个极，分别为发射极、基极和集电极。三极管一般用作放大器。

（3）场效应管

场效应管是利用电场效应控制电流的半导体器件，又称为单极型晶体管。

（4）晶闸管

晶闸管是利用半导体器件的可控单向导电性能制成的器件。一般作为可控整流器。

2. 集成电路

集成电路是用微电子技术制成的各种二极管、三极管等器件的集成器件，具有比较复杂的功能。集成电路按照器件类型可分为以下两类。

（1）双极型晶体管–晶体管逻辑电路（TTL）

由于该电路的输入和输出均为晶体管结构，所以称为晶体管–晶体管逻辑电路。

（2）单极型金属氧化物半导体

其简称单极型 MOS，按照集成度可分为以下四类：小规模集成电路、中规模集成电路、大规模集成电路、超大规模集成电路。

按照功能可分为以下两类。

①集成运算放大器

其是采用集成电路的运算放大器，可以对微弱的信号放大。

②微处理器

其是具有中央处理器、存储器、输入/输出装置等功能的集成电路。

3. 显示器件

常用显示器件有以下三种。

（1）半导体发光二极管

半导体发光二极管是一种将电能转换为光能的电致发光器件。

（2）等离子体显示器

等离子体显示器是用气体电离发生辉光放电的器件。

（3）液晶显示器

液晶显示器是利用液晶在电场、温度等变化作用下的电光效应的器件。

五、自动控制概述

（一）自动控制系统概念

自动控制系统是指应用自动化仪器仪表或自动控制装置代替人自动地对仪器设备或工程生产过程进行控制，使之达到预期的状态或性能指标。对传统的工业生产过程采用动控制技术，可以有效提高产品的质量和企业的经济效益。对一些恶劣环境下的控制操作，自动控制显得尤其重要。在已知控制系统结构和参数的基础上，求取系统的各项性能指标，并找出这些性能指标与系统参数间的关系就是对自动控制系统的分析，而在给定对象特性的基础上，按照控制系统应具备的性能指标要求，寻求能够全面满足这些性能指标要求的控制方案并合理确定控制器的参数，则是对自动控制系统的分析和设计。

如温度自动控制系统通过将实际温度与期望温度的比较来进行调节控制，以使其差别很小。在自动控制系统中，外界影响包含室外空气温度、日照等室外负荷的变动以及室内人员等室内负荷的变动。如果没有这些外界影响，只要一次把（执行器）阀门设定到最适当的开度，室内温度就会保持恒定。然而正是由于外界影响而引起负荷变动，为保持室温恒定就必须进行自动控制。当设定温度变更或有外界影响时，从变更变化之后调节动作执行到实际的室温变化开始，有一个延迟时间，这个时间称作滞后时间。而从室温开始变化到达设定温度所用时间称为时间常数。对于这样的系统，要求自动控制具有可控性和稳定性。可控性指尽快地达到目标值，稳定性指一旦达到目标值后，系统能长时间保持设定的状态。

（二）自动控制设备

自动控制设备有传感器、自动控制器和执行器等。

1. 传感器

传感器是感知物理量变化的器件。物理量分为电量和非电量。电量如电压、电流、功率等。非电量如温度、压力、流量、湿度等。电量或非电量通过变送器变换成系统需要的电量。

2. 自动控制器

自动控制器或调节器由误差检测器和放大器组成。自动控制器将检测出的通常功率很低的误差功率放大，因此，放大器是必需的。自动控制器的输出是供给功率设备，如气动执行器或调节阀门、液压执行器或电机。自动控制器把对象的输出实际值与要求值进行比较，确定误差，并产生一个使误差为零或微小值的控制信号。自动控制器产生控制信号的作用叫作控制，又叫作反馈控制。

3. 执行器

执行器是根据自动控制器产生控制信号进行动作的设备。执行器可以推动风门或阀门动作。执行器和阀门结合就成为调节阀。

（三）自动控制器的分类

1. 按照工作原理分类

自动控制器按照其工作原理可分为模拟控制器和数字控制器两种。

①模拟控制器采用模拟计算技术，通过对连续物理量的运算产生控制信号，它的实时性较好。

②数字控制器采用数字计算技术，通过对数字量的运算产生控制信号。

2. 按照基本控制作用分类

自动控制器按照基本控制作用可以分为定值控制、模糊控制、自适应控制、人工神经网络控制和程序控制等种类。

（1）定值控制

其目标值是固定的。自动控制器按定值控制作用可分为双位或继电器型控制、比例控制、积分控制、比例-积分控制、比例-微分控制、比例-积分-微分控制等。它们之间的区分如下。

①双位或继电器型

在双位控制系统中，许多情况下执行机构只有通和断两个固定位置。双位或继电器型控制器比较简单，价格也比较便宜，所以广泛应用于要求不高的控制系统中。

双位控制器一般是电气开关或电磁阀。它的被调量在一定范围内波动。

②比例控制

采用比例控制作用的控制器，输出与误差信号是正比关系。它的系数叫作比例灵敏度或增益。

无论是哪一种实际的机构，也无论操纵功率是什么形式，比例控制器实质上是一种具有可调增益的放大器。

③积分控制

采用积分控制作用的控制器，其输出值是随误差信号的积分时间常数而成比例变化的。它适用于动态特性较好的对象（有自平衡能力、惯性和迟延都很小）。

④比例-积分控制

比例-积分控制的作用是由比例灵敏度或增益和积分时间常数来定义的。积分时间常数只调节积分控制作用，而比例灵敏度值的变化同时影响控制作用的比例部分和积分部分。积分时间常数的倒数叫作复位速率，复位速率是每秒钟的控制作用较比例部分增加的倍数，并且用每秒钟增加的倍数来衡量。

⑤比例-微分控制

比例-微分控制的作用是由比例灵敏度、微分时间常数来定义的。比例-微分控制有时也称为速率控制，它是控制器输出值中与误差信号变化的速率成正比的那部分。微分时间常数是速率控制作用超前于比例控制作用的时间间隔。微分作用有预测性，它能减少被调量的动态偏差。

⑥比例-积分-微分控制

比例控制作用、积分控制作用、微分控制作用的组合叫比例-积分-微分控制作用。这种组合作用具有三个单独的控制作用。它由比例灵敏度、积分时间常数和微分时间常数所定义。

（2）模糊控制

模糊控制是目标值采用模糊数学方法的控制，是控制理论中的一种高级策略和新颖技术，是一种先进实用的智能控制技术。

在传统的控制领域中，控制系统动态模式的精确与否是影响控制优劣的关键因素，系统动态的信息越详细，越能达到精确控制的目的。然而，对于复杂的系统，由于变量太多，往往越难以正确地描述系统的动态，于是工程师便利用各种方法来简化系统动态，以达成控制的目的，但效果却不尽理想。换言之，传统的控制理论对于明确系统有强有力的控制能力，对于过于复杂或难以精确描述的系统则显得无能为力。因此，人们开始尝试以模糊数学来处理这些控制问题。

（3）自适应控制

在日常生活中，所谓自适应是指生物能改变自己的习性以适应新的环境的一种特征。因此，直观地讲，自适应控制器应当是这样一种控制器，即能修正自己的特性以适应对象和扰动的动态特性的变化，它是一种随动控制方式。自适应控制的研究对象是具有一定程度不确定性的系统。这里所谓的不确定性，是指描述被控对象及其环境的数学模型不是完全确定的，其中包含一些未知因素和随机因素。

（4）人工神经网络控制

人工神经网络控制是采用平行分布处理、非线性映射等技术，通过训练进行学习，能够适应与集成的控制系统。

（5）程序控制

程序控制是按照时间规律运行的控制系统。

3. 按照控制变量数目分类

自动控制按照控制变量的数目可分为单变量控制和多变量控制。单变量控制的输入变量只有一个；多变量控制则有多个输入变量。

4. 按照动力种类分类

自动控制器按照在工作时供给的动力种类，可分为气动控制器、液压控制器和电动控制器。也可以几种动力组合，如电动–液压控制器、电动–气动控制器。多数自动控制器应用电或液压流体（如油或空气）作为能源。采用何种控制器，必须由对象的安全性、成本、利用率、可靠性、准确性、质量和尺寸大小等因素来决定。

（四）数字控制系统

1. 数字控制系统的定义

数字控制系统用代表加工顺序、加工方式和加工参数的数字码作为控制指令的数字控制系统，数字控制系统简称数控系统。在数字控制系统中通常配备专用的电子计算机，反映加工工艺和操作步骤的加工信息用数字代码预先记录在穿孔带、穿孔卡、磁带或磁盘上。系统在工作时，读数机构依次将代码送入计算机并转换成相应形式的电脉冲，用以控制工作机械按照顺序完成各项加工过程。数字控制系统的加工精度和加工效率都较高，特别适合于工艺复杂的单件或小批量生产。它广泛用于工具制造、机械加工、汽车制造和造船工业等。

2. 数字控制系统的组成

数字控制系统由信息载体、数控装置、伺服系统和受控设备组成。信息载体采用纸带、磁带、磁卡或磁盘等，用以存放加工参数、动作顺序、行程和速度等加工信息。数控装置又称插补器，根据输入的加工信息发出脉冲序列。每一个脉冲代表一个位移增量。插补器实际上是一台功能简单的专用计算机，也可直接采用微型计算机。插补器输出的增量脉冲作用于相应的驱动机械或系统用于控制工作台或刀具的运动。如果采用步进电机作为驱动机械，则数字控制系统为开环控制。对于精密机床，需要采用闭环控制的方式，以伺服系统为驱动系统。

3. 数字控制系统的优势

①能够达到较高的精度，能进行复杂的运算。

②通用性较好，要改变控制器的运算，只要改变程序就可以。

③可以进行多变量的控制、最优控制和自适应控制。

④具有自动诊断功能，有故障时能及时发现和处理。

4. 数字控制系统的发展

早期多采用固定接线的硬线数控系统，用一台专用计算机控制一台设备。后来采用微型计算机代替专用计算机，编制不同的程序软件实现不同类型的控制，可增强系统的控制功能和灵活性，称为计算机数控系统（CNC）或软线数控系统。后来又发展成为用一台计算机直接管理和控制一群数控设备，称为计算机群控系统或直接数控系统（DNC）。进一步又发展成由多台计算机数控系统与数字控制设备和直接数控系统组成的网络，实现多级控制。到了 20 世纪 80 年代则发展成将一群机床与工件、刀具、夹具和加工自动传输线相配合，由计算机统一管理和控制，构成计算机群控自动线，称为柔性制造系统（FMS）

数字控制系统的更高阶段是向机械制造工业设计和制造一体化发展，将计算机辅助设计（CAD）与计算机辅助制造（CAM）相结合，实现产品设计与制造过程的完整自动化系统。

（五）建筑自动化系统

建筑自动化系统或建筑设备监控系统，一般采用分布式系统和多层次的网络结构，并根据系统的规模、功能要求及选用产品的特点，采用单层、两层或三层的网络结构。注意不同网络结构均应满足分布式系统集中监视操作和分散采集控制（分散危险）的原则。

大型系统宜采用由管理、控制、现场设备三个网络层构成的三层网络结构。

中型系统宜采用两层或三层的网络结构，其中两层网络结构宜由管理层和现场设备层构成。

小型系统宜采用以现场设备层为骨干构成的单层网络结构或两层网络结构。

各网络层功能分为以下三点。

①管理网络层应完成系统集中监控和各种系统的集成。

②控制网络层应完成建筑设备的自动控制。

③现场设备网络层应完成末端设备控制和现场仪表设备的信息采集和处理。

（六）现场总线

现场总线是近年来迅速发展起来的一种工业数据总线，它主要解决工业现场的智能化仪器仪表、控制器、执行机构等现场设备间的数字通信以及这些现场控制设备和高级控制系统之间的信息传递问题。由于现场总线简单、可靠、经济实用等一系列突出的优点，因而受到了许多标准团体和计算机厂商的高度重视。

它是一种工业数据总线，是自动化领域中底层数据通信网络。简单地说，现场总线就是以数字通信替代了传统 4~20mA 模拟信号及普通开关量信号的传输，是连接智能现场设备和自动化系统的全数字、双向、多站的通信系统。

1. 现场总线的特点

（1）系统的开放性

传统的控制系统是个自我封闭的系统，一般只能通过工作站的串口或并口对外通信。

在现场总线技术中，用户可按自己的需要和对象，将来自不同供应商的产品组成大小随意的系统。

（2）可操作性与可靠性

现场总线在选用相同的通信协议情况下，只要选择合适的总线网卡、插口与适配器即可实现互连设备间、系统间的信息传输与沟通，大大减少接线与查线的工作量，有效提高控制的可靠性。

（3）现场设备的智能化与功能自治性

传统数控机床的信号传递是模拟信号的单向传递，信号在传递过程中产生的误差较大，系统难以迅速判断故障而带故障运行。而现场总线中采用双向数字通信，将传感测量、补偿计算、工程量处理与控制等功能分散到现场设备中完成，可随时诊断设备的运行状态。

（4）对现场环境的适应性

现场总线是作为适应现场环境工作而设计的，可支持双绞线、同轴电缆、光缆、射频、红外线及电力线等，其具有较强的抗干扰能力，能采用两线制实现送电与通信，并可满足安全及防爆要求等。

2. 现场总线控制系统的组成

它的软件是系统的重要组成部分，控制系统的软件有组态软件、维护软件、仿真软件、设备软件和监控软件等。选择开发组态软件、控制操作人机接口软件。通过组态软件，完成功能块之间的连接，选定功能块参数，进行网络组态。在网络运行过程中对系统实时采集数据，进行数据处理、计算。

（1）现场总线的测量系统

其特点是，多变量高性能测量，使测量仪表具有计算能力等更多功能，由于采用数字信号，具有高分辨率，准确性高，抗干扰、抗畸变能力强，同时还具有仪表设备的状态信息，可以对处理过程进行调整。

（2）设备管理系统

可以提供设备自身及过程的诊断信息、管理信息、设备运行状态信息（包括智能仪表）、厂商提供的设备制造信息。

（3）总线系统计算机服务模式

客户机/服务器模式是较为流行的网络计算机服务模式。服务器表示数据源（提供者），应用客户机则表示数据使用者，它从数据源获取数据，并进一步进行处理。客户机运行在个人计算机或工作站上。服务器运行在小型机或大型机上，它使用双方的智能、资源、数据来完成任务。

（4）数据库

它能有组织地、动态地存储大量有关数据与应用程序，实现数据的充分共享、交叉访问，具有高度独立性。工业设备在运行过程中参数连续变化，数据量大，操作与控制的实时性要求很高。因此就形成了一个可以互访操作的分布关系及实时性的数据库系统，市面上成熟的供选用的如关系数据库中的 Oracle、sybas、Informix、SQL Server；实时数据库中的 Infoplus、PI、ONSPEC 等。

（5）网络系统的硬件与软件

网络系统硬件有系统管理主机、服务器、网关、协议变换器、集线器、用户计算机及底层智能化仪表。网络系统软件有网络操作软件，如 NetWarc、LAN Mangger、Vines；服务器操作软件如 Lenix、os/2、Window NT、应用软件数据库、通信协议、网络管理协议等。

第二节 建筑电气设备

一、高压配电装置与高压电器

高压配电装置是指 1kV 以上的电气设备按一定接线方案，将有关一、二次线路的设备组合起来的装置。它可用于发电厂和变、配电所中作控制发电机、电力变压器和电力线路，也可作为大型交流高压电动机的启动和保护用。对于 12kV 以下的配电装置，也称为中压配电装置。

（一）高压配电装置

高压配电装置的结构可以分为开启式、封闭式，安装有固定式和抽出（移开）式。抽出式装置的可移开部件（手车）上装有所需要的设备，如断路器、接触器或隔离设备，还可以安装互感器等测量设备。

高压配电装置按照其用途可以定义为进出线、隔离、计量、联络、互感器、避雷器柜，高压配电装置的母线有单母线和双母线。

高压配电装置按照安装地点分为户内式和户外式两种。配电柜具有很高的防护等级，所有产品均在 IP54 以上，最高至 IP66。一般高压配电柜使用条件为：海拔<1000m；环境

温度-2～+40℃；相对湿度<85%。

高压配电装置的壳体采用喷涂或敷铝锌薄钢板制造。柜内用金属板分隔为断路器室、母线室、电缆室和低压室等。

高压配电装置采用高压断路器或负荷开关作为开关电器。采用负荷开关和熔断器的高压配电装置，常用于环网配电系统，也称为环网柜。

（二）高压电器

在额定电压3000V以上的电力系统中，用于接通和断开电路、限制电路中的电压或电流以及进行电压或电流变换的电器。根据电力系统安全、可靠和经济运行的需要，高压电器能断开和关闭正常线路和故障线路，隔离高压电源，起控制、保护和安全隔离的作用。

1. 开关电器

主要有高压断路器（见断路器）、高压隔离开关（见隔离开关）、高压熔断器（见熔断器）、高压负荷开关（见负荷开关）和接地短路器。高压断路器又称高压开关，用于接通或断开空载、正常负载或短路故障状态下的电路。高压隔离开关用于将带电的高压电工设备与电源隔离，一般只具有分合空载电路的能力，当在分断状态时，触头具有明显可见的断开位置，以保证检修时的安全。高压熔断器俗称高压保险丝，用于开断过载或短路状态下的电路。高压负荷开关用于接通或断开空载、正常负载和过载下的电路，通常与高压熔断器配合使用。接地短路器用于将高压线路人为地造成对地短路。

2. 限制电器

主要有电抗器、避雷针。

3. 变换电器

变换电器又称互感器。其主要有电流互感器和电压互感器，分别用于变换电路中电流和电压的数值，以供仪表和继电器使用。

二、低压配电装置

（一）低压配电柜

低压配电柜是指电压380V的配电或电动机控制用的配电柜。其结构可以分为固定式和抽出（移开）式。抽出式有多种规格的抽斗。

配电柜按材料分为金属和塑料两大类，金属包括不锈钢；按安装位置分为户内式和户外式。防护等级与高压配电装置相同。配电柜的表面处理具有很高的喷涂质量，附件品种多样。配电柜还应符合多种国际认证。

（二）功率因数补偿装置

功率因数补偿装置主要是配置一定数量的电容器，根据对供电线路功率因数的检测，自动控制电容器的投切。投切设备可分为三种类型，即交流接触器、晶闸管（双向可控硅）和组合投切。用晶闸管控制可实现过零投入，零电流切开。三种方式组合投切可提高工作的可靠性和投切的速度。

（三）谐波治理装置

目前常用的谐波治理方法有无源谐波和有源谐波两种。

1. 无源谐波滤波器

无源谐波滤波器阻止用户设备产生的高次谐波流入电网或电网中高次谐波流入用户设备。无源滤波治理装置的主要结构是用电抗器与电容器串联起来，组成 LC 串联回路，并联于系统中。LC 回路的谐振频率设定在需要滤除的诸波频率上，如 5、7、11 次谐振点上，达到滤除谐波的目的。测量及控制器用高次谐波电压、电流、无功功率测量技术来判别应投入哪个高次谐波吸收装置，以及投多少、切多少。

无源谐波滤波器有以下作用。

①根据高次谐波电压、电流和无功功率，综合调节吸收回路的投切。

②补偿三相谐波电流和无功电流。

③高动态响应，保持功率因数在 0.95 以上。

④增加配电变压器和馈电线路的承载率。

⑤消除不平衡负载引起的电压不对称。

⑥抑制冲击电流、电压波动和电压闪变。

⑦可根据实际需求，灵活组态。

无源谐波吸收装置采用一种晶体制造，可以自动消除具有破坏性的高次谐波、电涌、尖峰信号、瞬时脉冲和激励振荡等。

2. 有源谐波滤波器

有源谐波滤除装置是由电力电子元件组成电路，使之产生一个和系统的谐波同频率、同幅度但相位相反的谐波电流，与系统中的谐波电流抵消。它的滤波效果好，在其额定的无功功率范围内，滤波效果可达 100%。但由于受到电力电子元件耐压及额定电流的限制，其制作也比无源滤波装置复杂得多，成本也高，其主要的应用范围是计算机控制系统的供电系统，尤其是办公建筑的供电系统和工厂的计算机控制供电系统。

（四）低压配电装置内容

①低压配电装置按照用途分为电力配电箱、照明配电箱、计量箱、控制箱。
②低压配电装置结构形式有板式、箱式、落地式。
③低压配电装置安装地点有户内、户外，安装方式有明装、暗装。

1. 低压配电箱

低压配电箱适用于宾馆、公寓、高层建筑、港口、车站、机场、仓库、医院和厂矿企业等，适用于交流 50Hz，单相三相 415V 及以下的户内照明和动力配电线路中，作为线路过载保护、短路保护及线路切换、计量、信号之用。照明配电箱分为封闭明装和嵌入暗装两种，主要由箱体、箱盖、支架、母线和自动开关等组成。箱体由薄钢或塑料板制成；箱盖拉伸成盘状；自动开关手柄外露；带电及其他部分均遮盖进出线；敲落孔置于箱壁上下底三面，背面另有长圆形敲落孔，可以根据需要任意敲落。配电箱的左下侧设有接地排，相体外侧标有接地符号。箱内主要装有小型断路器。

配电箱的安装高度为：无分路开关的照明配电箱，底边距地面应不小于 18m；带分路开关的配电箱，底边距地面一般为 1.2 m。导线引出板面处均应套绝缘管。配电箱的垂直度偏差应不大于 1.5%。暗装配电箱的板面四周边缘应贴紧墙面。配电箱上各回路应有标牌，以标明回路的名称和用途。

2. 电表箱

电表箱可广泛应用于各类现代建筑、住宅等用户用电计量。电表箱分为分装、明装、户外三种类型，电表角体可以由玻璃钢或金属制造。

三、变压器

变压器是一种静止的电器，是一个转换电压的装置。它是一个变换电能以及把电能从一个电路传递到另外一个电路的静止电磁装置。在交流电路中，可以借助变压器变换交流电压、电流和波形。

（一）变压器的分类

变压器按照用途分为电力（配电）变压器、电炉变压器、电焊变压器、仪用变压器、特种变压器等。

电力变压器按电力系统传输电能的方向分为升压变压器和降压变压器。

除了按以上用途分类外，变压器还可以按相数、绕组数、铁芯形式、冷却方式等特征分类。按相数，有单相、三相、多相等；按绕组数，有双绕组、单绕组（自耦）、三绕组、多绕组；按铁芯形式，有心式、壳式；按冷却方式，有干式、油浸式、充气冷却等，其中油浸式的冷却方式有自冷、风冷、强迫循环等；按调压方式，有无励磁调压和有载调压两种。

干式变压器按照外壳形式分为非封闭干式变压器、封闭干式变压器；按照绝缘介质分为包封线圈式和非包封线圈式。

（二）变压器的结构

变压器的铁芯和绕组构成变压器的核心，即电磁部分。

1. 铁芯

铁芯是变压器中主要的磁路部分，通常由含硅量较高、表面涂有绝缘漆的热轧或冷轧硅钢片叠装而成。铁芯分为铁芯柱和铁轭两部分：铁芯柱套有绕组；铁轭作闭合磁路之用。铁芯的基本结构形式有芯式和壳式两种。

2. 绕组

绕组是变压器的线圈部分，它用纸包的绝缘扁线或圆线绕成。

变压器除了电磁部分外，还有油箱、冷却装置、绝缘套管、调压和保护装置等部件，如电力变压器由铁芯、绕组、绝缘套管、冷却装置、保护装置、温控装置等组成。变压器绕组采用铜线或铝线。变压器冷却装置有油箱。风扇变压器油的保护装置由储油柜、吸湿器、安全气道、净油器、气体继电器、温控装置等组成。

（三）变压器的规格参数

变压器的型号是按照国家标准定义的。

配电变压器的主要规格参数为额定容量（S_N）、额定电压（U_N）、额定频率（f_N）、额定电流（I_N）联结组别、外壳保护等级、绝缘等级、冷却方式、温升、环境条件等。

四、预装式变电站

预装式（箱式）变电站是集高压环网柜、变压器、低压配电柜为一体的输变电设备，由高压室、变压器室、低压室和壳体构成，采用地下电缆进出线。高压侧配有负荷开关或真空断路器和高压计量、带电显示装置；低压侧配有智能型断路器控制保护，具有低压计量、无功补偿等分支回路，保护功能齐全，操作方便、安全可靠；外壳采用铝合金夹心彩板，房屋造型。

变电站具有牢固、隔热、通风、防尘、防潮、防腐、防小动物及外形美观、维护方便等优点，适用于占地面积小、移动方便的场所，如城市高层建筑、住宅小区、宾馆、医院、厂矿、企业、铁路、商场及临时性设施等户内、外输变电场所。

预装式变电站分为以下三种形式。

①欧洲式：特点是防护性好，变压器散热不易，要降低容量运行。

②美国式：特点是变压器保持户外设备本质，散热好，结构紧凑，但是由于我国10kV电网是中性不接地系统，因此一相熔丝熔断时不能跳开三相负荷开关，会造成非全相运行，危及变压器及用电设备，并且不易实现配电自动化。

③中国式：从欧洲式派生而来，结合中国用户需要改进而成，符合中国电力部门各种法规标准要求，可铅封电能计量箱，实现无功补偿。

（一）应急电源

应急电源是为满足消防设施、应急照明、事故照明等一级负荷供电设备需要而设计生产的。应急电源为一级负荷和特别重要负荷用电设备及消防设施、消防应急照明等提供第二或第三电源。

应急电源由互投装置、自动充电机、逆变电源及蓄电池组等组成。在交流电网正常供电时，经过互投装置给重要负载供电；当交流电网断电后，互投装置会立即投切至逆变电源供电；当电网电压恢复时，应急电源又将恢复为电网供电。

应急电源在停电时，能在不同场合为各种用电设备供电。它适用范围广、安装方便、效率高。采用集中供电的应急电源可克服其他供电方式的诸多缺点，减少不必要的电能浪费。在应急事故、照明等用电场所，它比不间断电源具有更高的性能价格比。目前应急电源的容量在 2.2~800kW，备用时间在 90~120min。应急电源的输出可以是交流电，也可以是直流电。

（二）不间断电源

不间断电源是在市电中断时能够继续向负荷供电的设备。不间断电源包括主机和蓄电池两部分。

不间断电源按工作方式可分为后备式和在线式两种。

1. 后备式 UPS

在市电正常供电时，市电通过交流旁路通道直接向负载供电，此时主机上的逆变器不工作，只是在市电停电时才由蓄电池供电，经逆变器驱动负载。因此它对市电品质基本没有改变。

2. 在线式 UPS

在市电正常时，首先将交流电变成直流电，然后进行脉宽调制滤波，再将直流电重新变成交流电向负载供电，一旦市电中断，立即改为由蓄电池逆变器对负载供电。因此，在线式 UPS 输出的是与市电网完全隔离的纯净的正弦波电源，大大改善了供电的品质，保证负载安全、有效地工作。

（三）太阳能光伏发电

太阳能光伏发电是采用太阳能作为能源的发电装置。太阳能作为绿色清洁能源，具有运行成本低、没有污染物生成等优点。太阳能光伏发电装置由太阳能光电池、控制器、蓄电池及防雷、接地等装置组成。

目前的薄膜太阳能电池，可以实现太阳能利用和建筑物相结合。太阳能发电可不并网运行，也可以并网运行。太阳能电池可以用于如路灯、显示器、水泵等场合。

五、电动机

电动机是把电能转换成机械能的设备。在机械、冶金、石油、煤炭化学、航空、交通、农业以及其他各种工业中，电动机被广泛应用，在国防、文教、医疗及日常生活中（现代化的家电工业中），电动机的应用也越来越广泛。

（一）电动机的结构及各部分的作用

一般电动机主要由固定部分和旋转部分两部分组成，固定部分称为定子，旋转部分称为转子。另外还有端盖、风扇、罩壳、机座、接线盒等。

定子用来产生磁场，并做电动机的机械支撑。电动机的定子由定子铁芯、定子绕组和机座三部分组成。定子绕组镶嵌在定子铁芯中，通过电流时产生感应电动势，实现能量转换。机座的作用主要是固定和支撑定子铁芯。电动机运行时，因内部损耗而发生的热量通过铁芯传给机座，再由机座表面散发到周围空气中。为了增加散热面积，一般电动机的机座外表面设计为散热片状。

电动机的转子由转子铁芯、转子绕组和转轴组成。转子铁芯也是电动机磁路的一部分，转子绕组的作用是产生感应电动势，通过电流产生电磁转矩，转轴是支撑转子、传递转矩、输出机械功率的主要部件。转子的形式有笼型转子、绕线转子两种。定子、转子之间有气隙。

（二）电动机的分类

①电动机按其功能可分为驱动电动机和控制电动机。

②按电能种类分为直流电动机和交流电动机。

③按电动机的转速与电网电源频率之间的关系，可分为同步电动机与异步电动机。

④按电源相数可分为单相电动机和三相电动机。

⑤按防护形式可分为开启式、防护式、封闭式、隔爆式、防水式、潜水式。

⑥按安装结构形式可分为卧式、立式、带底脚、带凸缘等。

⑦按绝缘等级可分为 E 级、B 级、F 级、H 级等。

六、低压电器

低压电器是指在额定电压 1000V 以下，在电路中起控制、保护、转换、通断作用的电器设备。

（一）低压电器的分类

1. 低压配电电器

特点：分断能力强，限流效果好，动稳定及热稳定性好。

代表：刀开关、自动开关、隔离开关、转换开关、熔断器。

2. 低压控制电器

特点：有一定的通断能力，操作频率要高，电器机械使用寿命长。

代表：接触器、继电器、控制器。

3. 低压主令电器

特点：操作频率较高，抗冲击，电器机械使用寿命长。

代表：按钮、主令开关、行程开关、万能开关。

4. 低压保护电器

特点：有一定的通断能力，反应灵敏，可靠性高。

代表：熔断器、热继电器、安全继电器、避雷器。

5. 低压执行电器

特点：工作可靠，通断能力高，有足够的动、热稳定性。

代表：电磁铁、电磁离合器。

（二）低压电器的组成

从结构上来看，低压电器一般都具有两个基本组成部分，即感测部分与执行部分。感测部分接受外界输入的信号，并通过转换、放大、判断一系列操作，做出有规律的反映，使执行部分动作，输出相应的指令，实现控制的目的。对于有触头的电磁式电器，感测部分大都是电磁机构，而执行部分是触头。对于非电磁式的自动电器，感测部分因其工作原理不同而各有差异，但执行部分仍是触头。

1. 电磁机构

电磁机构是各种自动化电磁式电器的主要组成部分之一，它将电磁能转换成机械能，带动触点使之闭合或断开。电磁机构由吸引线圈和磁路两部分组成。磁路包括铁芯、衔铁、铁轭和空气隙。

2. 执行机构

①低压电器的执行机构一般由主触点及其灭弧装置组成。

②低压电器的电弧。

我们知道，低压电器的触点在通电状态下动、静触点脱离接触时，由于电场的存在，触点表面的自由电子大量溢出而产生电弧。电弧的存在不但会烧损触点金属表面，降低电器的使用寿命，而且延长了电路的分断时间和分断能力，进而可能对设备或人员造成伤害，造成很大的安全隐患，所以必须进行合理消除。

3. 低压电器的灭弧方法

①迅速增大电弧长度：长度增加→触点间隙增大→电场强度降低→散热面积增大→电弧温度降低→自由电子和空穴复合运动加强→电荷熄灭。

②冷却：电弧与冷却介质接触，带走电弧热量，也可使符合运动加强，从而使电弧熄灭。

（三）常用低压电器

1. 小型断路器

用于建筑物低压终端配电，具有短路保护、过载保护、控制、隔离等功能。其最高工作电压为交流 440V，额定电流 2~63A，额定短路分断能力有 4.5kA、6kA、10 kA、15kA 等。

小型断路器的极数有 1P、2P、3P、4P 和 1P+N（相线+中性线）。相线+中性线的断路器可以同时切断相线和中性线，但是对中性线不提供保护。

小型断路器的脱扣特性曲线有 A、B、C、D 型 4 种。其中 C 型脱扣曲线保护常规负载和配电线路，D 型脱扣曲线保护启动电流大的负载（如电动机、变压器）。

2. 塑壳断路器

它是一种容量较大的断路器，可以提供短路保护、过载保护、隔离等功能。其额定工作电压为交流 500V、550V，额定电流 20~630A，额定短路分断能力有 25 kA、35（36）kA、42kA、50kA 等，极数有 3P、4P。塑壳断路器的附件有辅助触点、故障指示触点、分励脱扣器、欠电压脱扣器、手柄、挂锁等。

3. 隔离开关

隔离开关具有隔离功能。其他功能同小型断路器。

4. 按钮

按钮是一种简单的指令电器。通常有动合触头和动分触头。按钮可以带指示灯。

5. 接触器

接触器是利用电磁吸力工作的开关，有交流和直流两种。

6. 热继电器

热继电器是利用发热元件和双金属片相互作用而工作的继电器，用于电动机过载保护。

7. 中间继电器

中间继电器的工作原理与接触器相同，但是其通断的电流较小。

（四）常用建筑电气

建筑电气指安装在建筑物上的各种开关、插座，如照明开关、电源插座、电视插座、电话插座、网络插座等。

1. 照明开关

照明开关是在灯具附近控制灯具的开关。照明灯具由开关控制，开关的额定电流应大于控制灯具的总电流。开关由面板和底座组成。照明开关有单控和双控两种。单控开关只能在一处控制照明。双控开关是两个开关在不同位置可控制同一盏灯，如位于楼梯口、大厅、床头等，需预先布线。

多位开关是几个开关并列，各自控制各自的灯。在一个面板上可以有1个、2个、3个或4个开关，分别称为单位、双位、三位或四位开关，也称双联、三联，或一开、二开等。

此外还有触摸开关、声控开关、带指示灯开关等形式。在潮湿场合可以用作防溅开关。

2. 插座

插座是用于工作和生活场所对小型移动电器供电的设施。插座有单相和三相之分。一般插座带接地极，还有带开关插座、防溅插座、带保护门插座等插座。

插座带开关可以控制插座通断电，也可以单独作为开关使用。多用于家用电器处，如微波炉、洗衣机等。

在潮湿场所用防溅插座。如果插座安装位置较低，用带保护门插座，可以防止儿童触电。

开关插座外壳一般采用PC材料，即聚碳酸酯树脂。PC是目前应用最广泛的工程塑料材质，具有突出的抗冲击能力，并有不易变形、稳定性高、耐热、吸水率低、无毒等特性。目前广泛应用于汽车、电子电气、建筑、办公设备、包装、运动器材、医疗保健等领域。

材料的质量对于开关插座的安全性和耐久性都非常关键。判别PC材质的质量优劣，要看塑胶件表面是否具有良好的外观和光泽，不应有气泡、裂纹、缩水、划花、污渍、混色、明显变形等缺陷。用力触按，应具备良好的弹性和韧性。

开关插座内部常用的铜片，一般有锡磷青铜和黄铜两种。锡磷青铜俗称紫铜，外观略带紫红色。优质锡磷青铜表面应有良好的金属光泽，弹力好且抗折叠能力强，不易被折断。锡磷青铜的特点是弹力强、抗疲劳、导电性好、抗氧化能力强，经久耐用。

家居插座有10A/250V及16A/250V两种，空调宜选用16A/250V插座，其他常规家用电器选用10A/250V即可。

七、输电器材

在建筑物内部使用的输配电器材主要有电线、电缆、母线、矿物绝缘电缆、线路保护管、电缆桥架。

(一) 电线、电缆

电线、电缆是传输电能或电子信息的介质，可以用于电力能源和电子信息传输。用于能源的传输有输电电缆、配电电缆、建筑用电缆；用于电子信息传输的有电话电缆、计算机信息电缆、各种信号传输电缆、控制电缆等。

电线由一根或几根柔软的导线组成，外面包以轻软的护层；电缆由一根或几根绝缘包导线组成，外面再包以金属或橡皮制的坚韧外层。下面重点介绍电缆。

1. 电缆的构造

电缆与电线一样，一般都由芯线、绝缘包皮和保护外皮三部分组成。

电力用电线电缆有铜芯或铝芯，为单股或多股绞合线。

电缆外表用绝缘层有聚氯乙烯塑料（PVC）、聚乙烯塑料（PE）、交联聚乙烯（XPE）、聚丙烯（PP）、橡胶、硅烷四氟乙烯、聚烯烃、矿物（氧化镁）等，有的还有塑料护套。常用护套有聚氯乙烯聚乙烯、交联聚乙烯尼龙等。铠装电缆外部有钢铠。屏蔽电缆外部有金属屏蔽层。电缆芯的特性多样，如阻燃耐火、低烟无卤等。

2. 电缆的参数和分类

电力电缆的主要参数是耐压和截面积。耐压有高压、中压和低压。一般电缆额定电压为 0.6~1kV 或 6~3 5kV。

电缆按照用途分为电力电缆、信号电缆、控制电缆。其中，电力电缆按其芯数分为单芯和多芯电缆。信号电缆按照其工作频率，分为视频、音频、射频、高频和工频电缆等。

电缆按照使用环境分为室内和室外电缆。室外电缆有架空、地下、直埋、海底等电缆。环境性能有阻燃、耐火、耐高温、耐腐蚀、防火、防爆、防白蚁、防鼠等。使用场合有固定、移动。还有用于船舶、运输、汽车、矿、铁路、泵、电梯等特殊场所的电缆。分支电缆为一种在工厂预制好带有模压分支连接的电缆，可以简化施工，同时可以保证分支质量。

常用的电缆有铜芯聚氯乙烯绝缘电缆（电线）、铜芯聚氯乙烯绝缘软电缆（电线）、铜芯聚氯乙烯绝缘绞型连接软电线、油浸纸绝缘电缆、聚氯乙烯绝缘及护套电缆，交联聚乙烯绝缘、聚乙烯护套电缆、橡胶绝缘电线。

①阻燃电缆分为单根阻燃电缆和成束阻燃电缆。成束阻燃电缆分为 A、B、C 三类。

②耐火电缆分为 A、B 两类。耐火电缆又分为矿物绝缘电缆和有耐火层的塑料电缆。

3. 分支电缆

分支电缆是预先在工厂制作好电缆分支接头的电缆，具有可靠性高、价格低、气密性好、防水、阻燃耐火等优点。分支电缆有单芯和多芯之分，其中单芯电缆工艺简单、价格低。

分支电缆适合用于中小负荷供电干线，特别适用于多层及高层住宅的供电。

（二）母线

封闭母线槽（母线槽）是用于电力干线传输大电流的导体。在发电厂和变电所的各级电压配电装置中，大都采用矩形或圆形截面的裸导线或绞线。这种将发动机、变压器与各种电器连接起来的导线，统称为母线（低压的户内外配电装置）。

母线按结构分为硬母线和软母线。硬母线按照形状又分为矩形母线和管形母线。矩形母线一般用于主变压器至配电室，其优点是施工安装方便，运行中变化小，载流量大，但造价较高。

封闭母线包括离相封闭母线、共箱（含共箱隔相）封闭母线和电缆母线，广泛用于发电变电所、工业和民用电源的引线。在高层建筑的供电系统中，动力和照明线路往往分开设置。

母线槽是以金属板（钢板或铝板）为保护外壳，由导电排、绝缘材料及有关附件组成的母线系统。母线槽由载流导体、壳体和绝缘材料组成。载流导体使用电工用铜材料制造，导体接点的接触面进行了特殊处理，使连接部位接触可靠、发热低，使用安全可靠。母线壳体一般采用优质冷轧钢板制成。绝缘材料应具有绝缘性能好、抗老化无毒、低烟等优良性能。它可制成每隔一段距离设有插接分线盒的插接型母线槽，也可制成中间不带分线盒的馈电型母线槽。

母线槽作为供电主干线，在电气竖井内沿墙垂直安装。按用途，母线槽一般由始端母线槽、直通母线槽（有带插孔和不带插孔两种）、L 型垂直（水平）弯通母线、Z 型垂直（水平）偏置母线、T 型垂直（水平）三通母线、X 型垂直（水平）四通母线、变容母线槽、膨母线槽、终端封头、终端接线箱、插接箱、有关附件及紧固装置等组成。母线槽按照绝缘方式可分为密集绝缘型和空气绝缘型两种。

按使用场所不同，母线槽分户内和户外型两种；按照结构形式分为馈电式、插接式、滑接式。母线槽的外壳防护等级有 IP54、IP66 等。

软母线用于室外，因空间大，导线有所摆动也不至于造成线间距离不够。软母线施工简便，造价低廉。

（三）矿物绝缘电缆

矿物绝缘电缆是以单芯铜导线为导电体，以氧化镁作为无机绝缘物，采用一种母线外形管、不锈钢管、镍铜合金作为护套的电缆。必要时，可在外面加一层塑料或低烟无卤护套。

矿物绝缘电缆分为轻型和重型两种。还有一种无机矿物绝缘电缆，它采用多股铜线绞合，采用多层云母带绝缘层，以玻璃纤维为基料，用铜带纵向包裹连续焊接作为护套，是一种柔性矿物绝缘电缆。

矿物绝缘电缆具有耐高温、耐腐蚀、耐潮湿、防爆、无烟无毒、抗电磁干扰、不燃烧、载流量大等优点，且具备柔性好、连续长度长、使用寿命长、安装简单方便、经济环保等特点。

矿物绝缘电缆能满足公共建筑、高温工业、危险场所、地下空间等的消防及供配电电缆防火的要求，可在机场、医院、车站、办公楼、邮电大厦、电力大楼、图书馆、博物馆、纪念馆、展览馆、商场、银行、宾馆饭店等公共安全要求非常高的场所替代无卤低烟、耐火燃类有机电缆。MI 电缆是目前国内最先进、最安全、最环保、绿色、安装最方便的高性价比防火电缆。

（四）线路保护管

线路保护管又称套管、导管，是电气安装中用于保护电线、电缆布线的管道，允许电线、电缆的穿入与更换。

1. 钢保护管

钢保护管有薄壁管与厚壁管、镀锌与不镀锌之分。薄壁管又称为电线保护管，厚壁管就是水煤气钢管。钢保护管主要用于容易受机械损伤或防火要求较高的场所。

2. 塑料保护管

塑料保护管一般采用聚氯乙烯、聚乙烯（PE）、玻璃钢、聚丙烯（PP）和改性聚丙烯（MPP）制作。目前电线穿线护套管 80% 采用塑料保护管，如聚氯乙烯（PVCU 导管）适用于混凝土楼板或墙内，可以暗敷，也可以明装。其价格比金属管便宜，且施工方便、不会生锈。

塑料保护管有普通型和阻燃型两种。阻燃型塑料管产品分为两大类，即聚乙烯阻燃导管和聚氯乙烯阻燃导管。

聚乙烯阻燃导管是一种塑制半硬导管，按外径有 D16、D20、D25、D32 共 4 种规格。其外为白色，具有强度高、耐腐蚀、挠性好、内壁光滑等优点，明、暗装穿线兼用。聚乙烯阻燃导管以盘为单位，每盘重为 25kg。

聚氯乙烯阻燃导管是以聚氯乙烯树脂为主要原料，加入适量的助剂，经加工设备挤压成型的刚性导管。小管径聚氯乙烯阻燃导管可在常温下进行弯曲，便于用户使用，按外径有 D16、D20、D25、D32、D40、D45、D50、D75、D90、D110 等规格。

与聚氯乙烯管安装配套的附件有接头、螺栓、弯头、弯管弹簧；一通接线盒、二通接线盒、三通接线盒、四通接线盒、开口管卡、专用截管器、聚氯乙烯黏合剂等。

3. 紧定套管

紧定套管或薄壁钢导管采用优质冷轧带钢经精密加工而成，双面镀锌，既美观又有良好的防腐性能。紧定套管明敷、暗敷均可适用，适用于工业与民用建筑、智能建筑、市政管线中强电和弱电的电线电缆的穿线保护。紧定套管有套接式紧定套管（JDG）和扣接式紧定套管（KBG）两种形式。

紧定套管有如下特点。

（1）质量轻

在保证管材具有一定强度的条件下，降低了管壁的厚度，使管材单位长度的质量大大减小。在同样长度下，电线管质量为紧定套管的 1.1~1.8 倍，焊接钢管为紧定套管的 2.7~4.1 倍，从而为施工安装、装卸搬运带来了很大的方便。

（2）价格便宜

管壁由薄壁代替厚壁，节省了钢材，质量轻、价格低，结构简单，附件少，节约材料成本，安装方便，节省施工成本；使管材单位长度的价格大幅度下降，从而降低了工程造价。

（3）施工简便

管材的套接方式以新颖的扣压连接取代了传统的螺纹连接或焊接施工，而且无须再做跨接，无须刷漆即可保证管壁有良好的导电性。省去了多种施工设备和施工环节，简化了施工，提高 4~6 倍工效。

（4）安全施工

管材的施工无须焊接设备，使施工现场无明火，杜绝了火灾隐患，确保施工现场的安全施工。

（5）产品配件齐全

除直管外，有配套的直管套接接头，有与接线盒、配电箱壳固定的特殊螺纹管接头，还有4倍或6倍弯曲半径的90°弯管接头。另外，还有供施工用的专用工具扣压器和弯管器。

紧定套管标准型规格有6种，即016、020、025、032、040、050。

紧定套管一般用于室内干燥场所，不宜预埋，不宜穿过建筑物、构筑物或设备基础。

4. 可挠金属电线保护套管

可挠金属电线保护套管又称为普里卡金属套管，为具有可挠性、可自由弯曲的金属套管。其外层为热镀锌钢带，中间层为钢带，里层为木浆电工纸，主要用于室内外干燥场所装修、消防、照明、仪器仪表、电气安装等场合。

除了一般的可挠金属电线保护套管，还有包塑可挠金属电线保护套管、防火型可挠金属电线保护套管等。

（1）包塑可挠金属电线保护套管

其是在可挠金属电线保护套管表面包覆一层塑料（聚氯乙烯）。这种套管产品除具有基本型的特点外，还有优异的耐水性、耐腐蚀性、耐化学药品性，适用于潮湿场所暗埋或直埋地下配管。

（2）防火型可挠金属电线保护套管

其结构规格与基本型相同，但防火性能更强，适用于防火要求较高的裸露配管，以及仪器仪表、设备安装配管等电气施工场合。

5. 软管

软管分为塑料软管、金属软管、包塑金属软管和可挠金属电线保护套管（普利卡软管）四种。

6. 线槽

线槽主要用于明装配线工程中，对电力线、电话线、有线电视线、网络线路等起到保护作用。线槽由槽底和槽盖组成。槽的一般长度为2m，槽与槽连接时使用相应尺寸的铁板和螺钉固定。

线槽按照材料分为塑料线槽和金属线槽。

（1）塑料线槽

明装阻燃塑料线槽外观整洁、美观，安装检修方便，特别适用于大厦、学校、医院、商场、宾馆、厂房的室内配线及线路改造工程。其产品具有以下特点。

①绝缘性能强

能承受 2500V 电压，有效避免漏触电。

②阻燃性能好

线槽在火焰上烧烤离开后，自燃火焰能迅速熄灭，避免火焰沿线路蔓延。同时由于它的传热性能差，在火灾情况下能在较长时间内保护线路，延长电气控制系统的运行，便于人员的疏散。

③安装使用方便

明装阻燃塑料线槽的线槽盖可反复开启，便于布线及线路的改装，其自重很轻，便于搬运安装。可锯、可切割、可钉，切割拼接或使用配套附件可快速方便地把线槽连成各种所需形状。

④耐腐蚀、防虫害

线槽具有耐一般性酸碱性能，无虫鼠危害。

（2）金属线槽

金属线槽采用冷轧钢板喷涂或镀锌钢板制作。

吊装金属线槽主要用于室内灯具安装。

（五）电缆桥架

电缆桥架用于敷设大量电缆干线或分支干线电缆，主要有板式和网格式两种。

1. 板式电缆桥架

板式电缆桥架用金属板材制造，主要有钢制、铝合金制及玻璃钢制等。钢制电缆桥架分别用不锈钢板和冷轧、热轧钢板制造。钢制电缆桥架表面处理有喷漆、喷塑、电镀锌、热镀锌、粉末静电喷涂等工艺。桥架形式有普通型桥架重型桥架、槽式桥架、梯级式桥架等，普通型桥架还可分为槽式、梯级式和托盘式。

供普通型桥架组合用的主要配件有梯架、弯通通、四通、多节二通、凸弯通、凹弯通、调高板、端向联结板、调宽板、垂直转角连接件、连接板、小平转角连接板、隔离板等。

2. 网格式电缆桥架

最常见的网格式电缆桥架是金属线网格式电缆桥架，它是用金属线材制造的电缆桥架。这种桥架节省金属材料，可以灵活组合，现场更改和安装快速方便，并可为二次升级预留，是全新概念的电缆桥架。

电缆桥架的安装方式主要有沿顶板安装、沿墙水平和垂直安装、沿竖井安装、沿地面安装、沿电缆沟及管道支架安装等。安装所用支（吊）架可选用成品或自制。支（吊）架的固定方式主要有预埋铁件上焊接、膨胀螺栓固定等。

八、自备电源

（一）柴油发电机组

柴油发电机组是一种小型发电设备，系指以柴油等为燃料，以柴油机为原动机带动发电机发电的动力机械。

整套柴油发电机组一般由柴油机、发电机、控制箱、燃油箱、启动和控制用蓄电池、保护装置、应急柜等部件组成。整体可以固定在基础上固定使用，也可装在拖车上移动使用。

尽管柴油发电机组的功率较低，但由于其体积小、灵活、轻便、配套齐全，便于操作和维护，所以广泛应用于矿山、铁路、野外工地、道路交通维护，以及工厂、企业、医院等部门，作为备用电源或临时电源。

（二）燃气发电机组

燃气发电机是一种采用燃气作为一次能源的发电机组。燃气发电机具有启动快、排放污染物少、耗水少、占地少等优点，是一种不错的备用电源。

大型建筑物或建筑群采用燃气发电机实现了热冷电联供，可以提高能源利用率，具有绿色节能效果。

第二章　建筑电力系统供配电与运行控制

第一节　电力系统概述

一、电力系统简介

（一）电力系统的概念和功能

电力系统是由发电、输电、变电、配电、用电设备及相应的辅助系统组成的电能生产、输送、分配、使用的统一整体。

电力系统的功能是将自然界的一次能源通过发电动力装置（主要包括锅炉、汽轮机、发电机及电厂辅助生产系统等）转化成电能，再经输、变电系统及配电系统将电能供应到各负荷中心，通过各种设备再转换成动力、热、光等不同形式的能量，为地区经济和人民生活服务。

电力系统的出现，使高效、无污染、使用方便、易于调控的电能得到广泛应用，推动了社会生产各个领域的发展，开创了电力时代。电力系统的规模和技术水准已成为一个国家经济发展水平的标志之一。

（二）电力系统的组成

电力系统是由发电厂、输配电网、变电站（所）及电力用户组成。

1. 发电厂

发电厂是生产电能的工厂，可以将自然界蕴藏的各种一次能源转变为人类能直接使用的二次能源——电能。

根据所取用的一次能源的种类的不同，主要有火力发电厂、水力发电厂、核能发电厂等发电形式，此外还有潮汐发电、地热发电、太阳能发电、风力发电等。

2. 输配电网

输电网是以输电为目的，采用高压或超高压将发电厂、变电所或变电所之间连接起来的送电网络，是电力网中的主网架。

直接将电能送到用户去的网络称为配电网或配电系统，它是以配电为目的的。一般分为高压配电网、中压配电网及低压配电网。

按照电压高低和供电范围大小分为区域电网和地方电网。建筑供配电系统属于地方电网的一种。

3. 变电站（所）

一般情况下，为了减小输电线路上的电能损耗及线路阻抗压降，需要升高电压。为了满足用户的安全和需要，又要降低电压，并将电能分配给各个用户。因此，电力系统中需要能升高和降低电压并能分配电能的变电站（所）。

变电站（所）就是电力系统中变换电压、接受和分配电能的场所，包括电力变压器、配电装置、二次系统和必要的附属设备等。将仅装有受、配电设备而没有变压器的场所称为配电所。

4. 电力用户

电力用户主要是电能消耗的场所，如电动机、电炉、照明器等设备。它从电力系统中接受电能，并将电能转化为机械能、热能、光能等。

（三）电力系统的额定电压

额定电压是指能使电气设备长期运行的最经济的电压。通常将 35kV 及其以上的电压线路称为送电线路，10kV 及其以下的电压线路称为配电线路。额定电压在 1kV 以上的电压称为高电压，1kV 以下的称为低电压。另外，我国规定的安全电压为 36V、24V、12V 三种。

我国电力系统中，220kV 及以上电压等级用于大型电力系统的主干线，输送距离在几百 km；110kV 电压用于中、小电力系统的主干线，输送距离在 100km 左右；35kV 则用于电力系统的二次网络或大型建筑物、工厂的内部供电，输送距离在 30km 左右；6～10kV 电压用于送电距离为 10km 左右的城镇和工业与民用建筑施工供电；电动机、电热等用电设备，一般采用三相电压 380V 和单相电压 220V 供电；照明用电一般采用 380/220V 供电。电气设备的额定电压等级要与电网额定电压等级一一对应。

电气设备的额定电压等级与电网额定电压等级一致。实际上，由于电网中有电压损失，致使各点实际电压偏离额定值。为了保证用电设备的良好运行，国家对各级电网电压的偏差均有严格的规定。

发电机的额定电压一般比同级电网额定电压高出5%，用于补偿电网上的电压损失。

变压器的额定电压分为一次和二次绕组。一次绕组其额定电压与电网或发电机电压一致。二次绕组其额定电压应比电网额定电压高5%。若二次侧输电距离较长的话，还需考虑线路电压损失（按5%计），此时，二次绕组额定电压比电网额定电压高10%。

二、建筑供配电的负荷分级及供电要求

（一）负荷分级

在这里，负荷是指用电设备，"负荷的大小"是指用电设备功率的大小。不同的负荷，重要程度是不同的。重要的负荷对供电质量和供电可靠性的要求高，反之则低。

供电质量是指包括电压、波形和频率的质量；供电可靠性是指供电系统持续供电的能力。我国将电力负荷按其对供电可靠性的要求及中断供电在人身安全、经济损失上造成的影响程度划分为三级，分别为一级、二级、三级负荷。各级要求如下。

1. 一级负荷

（1）符合下列情况之一时，应视为一级负荷。

①中断供电将造成人身伤害时。

②中断供电将在经济上造成重大损失时。

③中断供电将影响重要用电单位的正常工作。

（2）在一级负荷中，当中断供电将造成人员伤亡或重大设备损坏或发生中毒、爆炸和火灾等情况的负荷，以及特别重要场所的不允许中断供电的负荷，应视为一级负荷中特别重要的负荷。

2. 二级负荷

符合下列情况之一时，应视为二级负荷。

①中断供电将在经济上造成较大损失时。

②中断供电将影响较重要用电单位的正常工作。

3. 三级负荷

不属于一级和二级负荷者应为三级负荷。

（二）供电要求

1. 一级负荷

（1）一级负荷应由双重电源供电，当一电源发生故障时，另一电源不应同时受到损坏。

（2）一级负荷中特别重要的负荷供电，应符合下列要求：

①除应由双重电源供电外，尚应增设应急电源，并严禁将其他负荷接入应急供电系统。

②设备的供电电源的切换时间，应满足设备允许中断供电的要求。

2. 二级负荷

二级负荷的供电系统，宜由两回线路供电。在负荷较小或地区供电条件困难时，二级负荷可由一回 6kV 及以上专用的架空线路供电。

3. 三级负荷

三级负荷可按约定供电。

第二节　建筑供配电的负荷计算与无功功率补偿

一、计算负荷

（一）计算负荷的概念及意义

在进行建筑供配电设计时，需要根据一个假想负荷来确定整个供配电系统的一系列的参数。这个假想负荷就是计算负荷。

计算负荷若估算过高，则会导致资源的浪费和工程投资的提高。反之，若估算过低，则又会使供电系统的线路及电气设备由于承受不了实际负荷过热的电流，加速其绝缘老化的速度，降低使用寿命，增大电能的损坏，甚至使系统发生事故，影响供配电系统的正常可靠运行。因此，求计算负荷的意义重大。

但由于负荷情况复杂，影响计算负荷的因素很多，虽然各类负荷的变化有一定规律可循，但准确确定计算负荷却十分困难。实际上，负荷也不可能是一成不变的，它与设备的性能、生产的组织及能源供应的状况等多种因素有关，因此负荷计算也只能力求接近实际。

（二）负荷曲线

负荷曲线是反映电力负荷随时间变化情况的曲线。它直观地反映了用户用电的特点和规律，同类型的工厂、或车间的负荷曲线形状大致相同。

直角坐标上，纵坐标表示用电负荷（有功或无功），横坐标表示对应于负荷变动的时间。

根据纵坐标表示的功率不同，负荷曲线分有功负荷曲线和无功负荷曲线两种。根据负荷延续时间的不同（即横坐标的取值范围不同），分为日负荷曲线和年负荷曲线。

日负荷曲线代表用户一昼夜（0~24 时）实际用电负荷的变化情况。通常，为了计算方便，负荷曲线多绘制成阶梯形。其时间间隔取得愈短，曲线愈能反映负荷的实际变化情况。负荷曲线与坐标轴所包围的面积就代表相应时间内所消耗的电能数量。

（三）负荷曲线中的几个物理量

1. 年最大负荷

年最大负荷是负荷曲线上的最高点，指全年中最大工作班内半小时平均功率的最大值，并用符号 P_{max}、Q_{max} 和 S_{max} 分别表示年有功、无功和视在最大负荷。所谓最大工作班，是指一年中最大负荷月份内最少出现 2~3 次的最大负荷工作班，而不是偶然出现的某一个工作班。

2. 最大负荷利用小时数

年最大负荷利用小时数 T_{max}，是一个假想时间，是标志工厂负荷是否均匀的一个重要指标。其物理意义是：如果用户以年最大负荷（如 P_{max}）持续运行 T_{max} 小时所消耗的电能恰好等于全年实际消耗的电能，那么 T_{max} 即为年最大负荷利用小时数。将全年所取用的电能与一年内最大负荷相比，所得时间即是年最大负荷利用小时数。

$$T_{max} = \frac{W_p}{P_{max}} \qquad\qquad (2-1)$$

$$T_{max}（无功）= \frac{W_q}{Q_{max}} \qquad\qquad (2-2)$$

式中：W_p——有功电量（kW·h）；

W_q——无功电量（kvar·h）。

3. 平均负荷

平均负荷是指电力用户在一段时间内消费功率的平均值，记作 P_{av}、Q_{av}、S_{av}。

如果 P_{av} 为平均有功负荷，其值为用户在 $0 \sim t$ 时间内所消耗的电能 W_p 除以时间 t，即：

$$P_{av} = \frac{W_p}{t} \qquad (2-3)$$

式中：W_p——$0 \sim t$ 时间内所消耗的电能（kW·h）。

对于年平均负荷，全年小时数取 8760h，W_p 就是全年消费的总电能。

4. 负荷系数

负荷系数也称负荷率，又叫做负荷曲线填充系数。它是表征负荷变化规律的一个参数。在最大工作班内，平均负荷与最大负荷之比称为负荷系数，并用 α、β 分别表示有功、无功负荷系数，即

$$\alpha = \frac{P_{av}}{P_{max}}, \quad \beta = \frac{Q_{av}}{Q_{max}} \qquad (2-4)$$

负荷系数越大，则负荷曲线越平坦，负荷波动越小。根据经验，一般工厂负荷系数年平均值为 $\alpha = 0.70 \sim 0.75$、$\beta = 0.76 \sim 0.82$。

相同类型的工厂或车间具有近似的负荷系数。上述数据说明无功负荷曲线比有功负荷曲线平滑。一般 α 值比 β 值低 $10\% \sim 15\%$。

5. 需要系数 K_d

$$K_d = \frac{P_{max}}{P_c} \qquad (2-5)$$

式中：P_{max}——用电设备组负荷曲线上最大有功负荷（kW）；

P_c——用电设备组的设备功率（kW）。

（四）负荷计算的主要内容

1. 设备容量

设备容量也称安装容量，它是用户安装的所有用电设备的额定容量或额定功率（设备铭牌上的数据）之和，是配电系统设计和负荷计算的基础资料和依据。

2. 计算负荷

计算负荷也称为计算容量、需要负荷或最大负荷。它标志用户的最大用电功率。计算

负荷是一个假想的持续性负荷。其热效应与同一时间内实际变动负荷所产生的最大热效应相等，是配电设计时选择变压器、确定备用电源容量、无功补偿容量和季节性负荷的依据，也是计算配电系统各回路中电流的依据。

3. 一级、二级负荷及消防负荷

一级、二级负荷及消防负荷用以确定变压器的台数和容量、备用电源或应急电源的形式、容量及配电系统的形式等。

4. 季节性负荷

从经济运行条件出发，季节性负荷用以考虑变压器的台数和容量。

5. 计算电流

计算电流是计算负荷在额定电压下的电流。它是配电系统设计的重要参数，是选择配电变压器、导体、电器、计算电压偏差、功率损耗的依据，也可以作为电能损耗及无功功率的估算依据。

6. 尖峰电流

尖峰电流也叫做冲击电流，是指单台或多台冲击性负荷设备在运行过程中，持续时间在 1s 左右的最大负荷电流。它是计算电压损失、电压波动和选择导体、电器及保护元件的依据。大型冲击性电气设备的有功、无功尖峰电流是研究供配电系统稳定性的基础。

二、用电设备的主要工作特征

用电设备的工作制分为以下几种。

（一）长期连续工作制

这类电气设备在运行工作中能够达到稳定的温升，能在规定环境温度下连续运行，设备任何部分的温度和温升均不超过允许值，它们的工作时间较长，温度稳定。

（二）短时工作制

这类电气设备的工作时间较短，而停歇时间相对较长，如机床上的某些辅助电动机（如进给电动机、升降电动机、水渠闸门电动机等）。短时工作制的用电设备在工作时间内，电器载流导体不会达到稳定的温升，断电后却能完全冷却至环境温度。

（三）断续周期工作制

这类设备周期性地工作—停歇—工作，如此反复运行，而工作周期一般不超过 10min，如电焊机和起重机械。断续周期工作制的用电设备在工作时间内，电器载流导体不会达到稳定的温升，停歇时间内也不会完全冷却，在工作循环期间内温升会逐渐升高并最终达到稳定值。

断续周期工作制的设备，可用暂载率（又称负荷持续率）来代表其工作特征。暂载率为一个工作周期内工作时间与工作周期的百分比，用 ε 来表示，即：

$$\varepsilon = \frac{t}{T} \cdot 100\% = \frac{t}{t + t_0} \cdot 100\% \qquad (2-6)$$

式中：T——工作周期；

t——工作周期内的工作时间；

t_0——工作周期内的停歇时间。

工作时间加停歇时间称为工作周期。根据中国的技术标准，规定工作周期以 10min 为计算依据。吊车电动机的标准暂载率分为 15%、25%、40%、60% 四种；电焊设备的标准暂载率分为 50%、65%、75%、100% 四种。其中自动电焊机的暂载率为 100%。在建筑工程中通常按 100% 考虑。

三、负荷计算的方法

（一）负荷计算的方法及用途

常用的负荷计算方法有需要系数法、利用系数法、二项式法、单位面积功率法等几种。

1. 需要系数法

用设备功率乘以需要系数和同时系数（一般 $K_\Sigma = 0.9$），直接求出计算负荷。这种方法比较简便，应用也较为广泛，尤其适用于变配电所的负荷计算。

2. 利用系数法

利用系数求出最大负荷班的平均负荷，再考虑设备台数和功率差异的影响，乘以与有效台数有关的最大系数得出计算负荷。这种方法的理论根据是概率论和数理统计，因而计算结果比较接近实际。这种方法适用于各种范围的负荷计算，但计算过程相对复杂。

3. 二项式法

将负荷分为基本部分和附加部分，后者考虑一定数量大容量设备影响，适用于机修类用电设备计算，其他各类车间和车间变电所施工设计亦常采用，二项式法计算结果一般偏大。

4. 单位面积功率法等

单位面积功率法、单位指标法和单位产品耗电量法，两者多用于民用建筑。后者适用于某些工业，用于可行性研究和初步设计阶段电力负荷估算。

5. 台数较少的用电设备

3 台及 2 台用电设备的计算负荷，取各设备功率之和；4 台用电设备的计算负荷，取设备功率之和乘以系数 0.9。

由于建筑电气负荷具有负荷容量小、数量多且分散的特点，所以需要系数法、单位面积功率法和单位指标法比较适合建筑电气的负荷计算。负荷计算方法选取原则是：一般情况下需要系数法用于初步设计及施工图设计阶段的负荷计算；而单位面积功率法和单位指标法用于方案设计阶段进行电力负荷估算。对于住宅，在设计的各个阶段均可采用单位指标法。

（二）设备功率的确定

进行负荷计算时，需将用电设备按其性质分为不同的用电设备组，然后确定设备功率。

用电设备的额定功率 P_r 以及额定容量 S_r 是指铭牌上的数据。对于不同暂载率下的额定功率或额定容量，应换算为统一暂载率下的有功功率，即设备功率 P_e。

1. 连续工作制

$$P_e = P_r \tag{2-7}$$

式中：P_r——电动机的额定功率（kW）。

2. 短时工作制

设备功率等于设备额定功率

$$P_e = P_r \tag{2-8}$$

3. 断续工作制

如起重机用电动机、电焊机等，其设备功率是指将额定功率换算为统一负载持续率下的有功功率。

（1）当采用需要系数法和二项式法计算负荷时，起重机用电动机类的设备功率为统一换算到负载持续率 $\varepsilon = 25\%$ 下的有功功率。

$$P_e = \sqrt{\frac{\varepsilon_r}{\varepsilon_{25}}} P_r = 2P_r \sqrt{\varepsilon_r} \qquad (2-9)$$

式中：P_r——负载持续率为 ε；时的电动机的额定功率（kW）；

ε_r——电动机的额定负载持续率。

（2）当采用需要系数法和二项式法计算负荷时，断续工作制电焊机的设备功率是指将额定容量换算到负载持续率 $\varepsilon = 100\%$ 时的有功功率。

$$P_e = \sqrt{\frac{\varepsilon_r}{\varepsilon_{100}}} P_r = \sqrt{\varepsilon_r} S_r \cos\varphi \qquad (2-10)$$

式中：S_r——负载持续率为 ε_r 的电焊机的额定容量（kVA）；

ε_r——电焊机的额定负载持续率；

$\cos\varphi$——电焊机的功率因数。

（三）需要系数法确定计算负荷

1. 用电设备组的计算负荷及计算电流

（1）有功功率

$$P_C = K_d \cdot P_e (\text{kW}) \qquad (2-11)$$

（2）无功功率

$$Q_C = P_C \cdot \tan\varphi (\text{kvar}) \qquad (2-12)$$

（3）视在功率

$$S_C = \sqrt{P_C^2 + Q_C^2} (\text{kVA}) \qquad (2-13)$$

（4）计算电流

$$I_C = \frac{S_C}{\sqrt{3}\,U_r} (\text{A}) \qquad (2-14)$$

式中：P_e——用电设备组的设备功率（kW）；

K_d——需要系数；

$\tan\varphi$——用电设备组的功率因数角的正切值；

U_t——用电设备额定电压（线电压）（kV）。

2. 多组用电设备组的计算负荷

在配电干线上或在变电所低压母线上，常有多个用电设备组同时工作，但各个用电设备组的最大负荷并非同时出现，因此在求配电干线或变电所低压母线的计算负荷时，应再计入一个同时系数（或叫同期系数）K_Σ 具体计算如下：

（1）有功功率

$$P_C = K_{\Sigma P} \sum_{i=1}^{n} P_{ci} \tag{2-15}$$

（2）无功功率

$$Q_C = K_{\Sigma q} \sum_{i=1}^{n} Q_d \tag{2-16}$$

（3）视在功率

$$S_C = \sqrt{P_C^2 + Q_C^2} \tag{2-17}$$

（4）计算电流

$$I_C = \frac{S_C}{\sqrt{3}\, U_r} \tag{2-18}$$

式中：$\sum\limits_{i=1}^{n} P_{ci}$ ——n 组用电设备的计算有功功率之和（kW）；

$\sum\limits_{i=1}^{n} Q_{ci}$ ——n 组用电设备的计算无功功率之和（kvar）；

$K_{\Sigma p}$、$K_{\Sigma q}$ ——有功功率、无功功率同时系数，分别取 0.8~1.0 和 0.93~1.0。

3. 单相负荷计算

单相负荷应均衡地分配到三相上。当无法使三相完全平衡时，且最大相与最小相负荷之差大于三相总负荷的 10% 时，应取最大相负荷的三倍作为等效三相负荷计算。否则按三相对称负荷计算。

4. 尖峰电流

尖峰电流是指单台或多台用电设备持续 1~2s 的短时最大负荷电流，尖峰电流一般出现在电动机启动过程中。计算电压波动、选择熔断器和自动开关、整定继电保护装置、校验电动机自启动条件时需要校验尖峰电流值。

（1）单台电动机的尖峰电流是电动机的启动电流，笼型异步电动机的启动电流一般为其额定电流的 3~7 倍。

$$I_{jf} = K I_{rM} \tag{2-19}$$

式中：I_{jf} ——尖峰电流（A）；

K —起动电流倍数，在电动机产品样本中可以查取；

I_{rM} ——电动机的额定电流（A）。

（2）多台电动机供电回路的尖峰电流是最大一台电动机的启动电流与其余电动机的计

算电流之和。

$$I_{jf} = (KI_{rM})_{max} + \sum I_C \qquad (2-20)$$

式中：I_{jf}——尖峰电流（A）；

$(KI_{rM})_{max}$——最大容量电动机的起动电流（A）；

$\sum I_C$——除最大容量电动机之外的其余电动机计算电流之和（A）。

（3）自启动电动机组的尖峰电流是所有参与自启动电动机的启动电流之和。

$$I_{jf} = \sum_{i=1}^{n} I_{jfi} \qquad (2-21)$$

式中：n——参与自起动的电动机台数；

I_{jti}——第 i 台电动机的起动电流（A）。

5. 用电设备容量处理

进行负荷计算时，应先对用电设备容量进行如下处理。

（1）单台设备的功率一般取其铭牌上的额定功率。

（2）连续工作的电动机的设备容量即铭牌上的额定功率，是输出功率，未计入电动机本身的损耗。

（3）照明负荷的用电设备容量应根据所用光源的额定功率加上附属设备的功率。如气体放电灯、金属卤化物灯，为灯泡的额定功率加上镇流器的功耗。

（4）低压卤钨灯为灯泡的额定功率加上变压器的功率。

（5）用电设备组的设备容量不应包括备用设备。非火灾时使用的消防设备容量应列入总设备容量。

（6）消防时的最大负荷与非火灾时使用的最大负荷应择其大者计入总容量。

（7）季节性用电设备（如制冷设备和采暖设备）应择其大者计入总设备容量。

（8）住宅的设备应采用每户的用电指标之和。

（四）单位面积功率法和负荷密度法确定计算负荷

$$P_C = \frac{P_e' S}{1000} \qquad (2-22)$$

式中：P_e'——单位面积功率（负荷密度）（W/m²）；

S——建筑面积（m²）。

四、建筑供配电系统无功功率的补偿

电力系统中的供配电线路及变压器和大部分的负载都属于感性负载，它从电源吸收无功功率，功率因数较低，造成电能损耗和电压损耗，使设备使用效率相应降低。尤其是变压器轻载运行时，功率因数最低。供电部门征收电费时，将功率因数高低作为一项重要的经济指标。要提高功率因数，首先要合理选择和使用电器，减少用电设备本身所消耗的无功功率。一般在配电线路上装设静电电容器、调相机等设备，以提高整体配电线路的功率因数。

（一）功率因数要求值

功率因数应满足当地供电部门的要求，当无明确要求时，应满足如下值。

（1）高压用户的功率因数应为 0.90 以上。

（2）低压用户的功率因数应为 0.85 以上。

（二）无功补偿措施

1. 提高自然功率因数

（1）正确选择变压器容量。

（2）正确选择变压器台数，可以切除季节性负荷用的变压器。

（3）减少供电线路感抗。

（4）有条件时尽量采用同步电动机。

2. 采用电力电容器补偿

在实际供电系统中，大部分是电感性和电阻性的负载。因此总的电流 I 将滞后电压 U 一个角度 Φ。如果装设电容器，并与负载并联，使电路功率因数角变小，功率因数提高，所以该并联电容器也称为移相电容器。

（1）一般采用在变电所低压侧集中补偿方式。且宜采用自动调节式补偿装置，防止无功负荷倒送。

（2）当设备（吊车、电梯等机械负荷可能驱动电动机用电设备除外）的无功计算负荷大于 100kvar 时，可在设备附近就地补偿。一般和用电设备合用一套开关，与用电设备同时投入运行和断开。这种补偿的优点是补偿效果好，能最大限度地减少系统的无功输送量，使得整个线路变压器的有功损耗减少，缺点是总的投资大、电容器的利用率低，不便

于统一管理。对于连续运行的用电设备且容量大时，所需补偿的无功负荷较大，适宜采用就地补偿。

（三）补偿的容量

1. 在供电系统方案设计时

在供电系统方案设计时，无功补偿容量可按变压器容量的 15%～25% 估算。

2. 在施工图设计时

在施工图设计时应进行无功功率计算。

电容器的补偿容量为：

$$Q_C = P_C(\tan\varphi_1 - \tan\varphi_2) \tag{2-23}$$

式中：Q_C——补偿容量（kvar）；

P_C——计算负荷（kW）；

φ_1、φ_2——补偿前后的功率因数角。

3. 采用自动调节补偿方式时

采用自动调节补偿方式时，补偿电容器的安装容量宜留有适当余量。

第三节　电力系统的正常运行与控制

一、电力系统的无功平衡和电压调整控制

（一）电力系统的无功功率平衡

系统中各种无功电源的无功功率输出应能满足系统负荷和网络损耗在额定电压下对无功功率的需求，否则电压就会偏离额定值。系统中无功功率平衡的关系式为：

$$Q_{GC} - Q_{LD} - Q_L = Q_{res} \tag{2-24}$$

式中：Q_{GC}——电源能输出的无功功率之和；

Q_{LD}——无功负荷之和；

Q_L——网络无功功率损耗之和；

Q_{res}——系统的无功功率备用。

一般 Q_{res} 应达到系统无功负荷的 15%~20%。

1. 无功负荷和无功损耗

（1）无功负荷

异步电动机在电力系统负荷（特别是无功负荷）中占很大的比重，因此，系统无功负荷的电压特性主要由异步电动机决定。异步电动机所消耗的无功功率为

$$Q_M = Q_m + Q_a = \frac{U^2}{X_m} + I^2 X_\sigma \tag{2-25}$$

式中：Q_m ——励磁电抗 X_m 的无功功率，与电压 U 近似成二次曲线关系。

当电压较高时，由于磁饱和的原因将 X_m 变小，因此，Q_m 随 U 变化的曲线稍高于二次曲线。Q_σ 为漏抗 X_σ 中的无功功率，如果负载功率不变，则 $PM = I^2R(1-s)/s$ 为常数，由于电压降低时转差 s 将变大，因此在漏抗 X_σ 中的无功损耗 Q_σ 也要增大。

（2）变压器的无功损耗

变压器的无功损耗为

$$Q_{LT} = Q_0 + Q_T = U^2 B_T + \left(\frac{S}{U}\right)2X_T \approx \frac{I_0\%}{100}S_N + \frac{U_K\%S^2}{100S_N}\left(\frac{U_N}{U}\right)^2 \tag{2-26}$$

式中：Q_0 ——励磁损耗；

Q_T ——漏抗中的损耗，励磁损耗与电压平方成正比。

当视在功率不变时，漏抗损耗也与电压平方成反比。因此，变压器的无功损耗电压特性也与异步电动机的相似。

励磁损耗 Q_0 的大小近似等于空载电流 I_0 百分比，约为 1%~2%；漏抗损耗在变压器满载时近似等于短路电压 U_K 百分比，约为 10%。因此在额定满载下运行时，无功功率的损耗为额定容量的 10%~12%。若从电源到用户需要经过多级变压，则变压器中无功损耗就相当可观，由此，也需尽力减少变压层次。

（3）线路的无功损耗

线路的无功损耗包括等值电路中串联电抗的无功功率和并联电容的无功功率两部分。线路串联电抗中的无功损耗 ΔQ_L 与所通过电流的平方成正比，即：

$$\Delta Q_L = \frac{P_1^2 + Q_1^2}{U_1^2}X = \frac{P_2^2 + Q_2^2}{U_2^2}X \tag{2-27}$$

线路电容的充电功率：

$$\Delta Q_B = -\frac{B}{2}(U_1^2 + U_2^2) \tag{2-28}$$

综合这两部分无功损耗，线路的无功总损耗为：

$$\Delta Q_L + \Delta Q_B = \frac{P_1^2 + Q_1^2}{U_1^2}X - \frac{P_2^2 + Q_2^2}{U_2^2}B \qquad (2-29)$$

与变压器不同，线路的并联支路是容性的，是发出无功功率的，所以对系统而言，线路表现出来既可以是无功负荷，又可以是无功电源。35kV 及以下架空线路的充电功率很小，一般情况下这种线路都是消耗无功功率的。110kV 及以上的架空线路当传输功率较大时，电抗中消耗的无功功率将大于电容中产生的无功功率，线路成为无功负荷；当传输的功率较小时，电容中产生的无功功率，除了抵偿电抗中的损耗以外还有多余，这时线路就成为无功电源。当较长的超高压（500~750kV）输电线轻载时，这种现象尤为明显。为了防止在这种情况下网络电压过高，一般在大型变电站装设有并联电抗器，用于吸收输电线路的充电功率。我国有关技术导则规定，对于 330~500kV 电网，并联电抗器的总容量应达到超高压线路充电功率的 90% 以上。

2. 无功电源

电力系统的无功功率电源，除了发电机以外，还有同步调相机、静电电容器、静止无功补偿器和静止无功发生器，这四种装置又称为无功补偿装置。

调相机和电容器是两种最早出现的无功补偿装置。静止无功补偿器和静止无功发生器是采用电力电子器件的两种新型无功电源，也是构成灵活交流输电系统的基本装置。静止无功补偿器对应了传统的电容器，静止无功发生器对应了传统的调相机。

（1）发电机

发电机既是唯一的有功功率电源，又是最基本的无功功率电源。发电机在额定状态下运行时，可发出无功功率

$$Q_{GN} = S_{GN}\sin\varphi_N = P_{GN}\tan\varphi_N \qquad (2-30)$$

式中：S_{GN}、P_{GN}、φ_N——分别为发电机额定的视在功率、有功功率和功率因数角。

发电机发出无功功率受到 $P-Q$ 极限曲线的限制。发电机只有在额定电压、电流和功率因数下运行时，视在功率才能达到额定值，使其容量得到最充分的利用。发电机降低功率因数运行时，其无功功率输出将受转子电流的限制。

发电机正常运行时发出无功功率，需要时也可以进相运行，从而吸收系统中多余的无功功率，主要是线路电容产生的无功功率。安排发电机进相运行时吸收无功功率的大小受到稳定和定子端部发热温升的限制。

（2）同步调相机

同步调相机相当于是只能发出无功的发电机。在过励磁运行时，它向系统供给无功功

率，起无功电源的作用；在欠励磁运行时，它从系统吸收无功功率，起无功负荷作用。欠励磁最大容量只有过励磁容量的 50% 左右。

调相机的主要优点是，能平滑的改变输出或吸收的无功功率进行电压调节。特别是有强行励磁装置时，在系统故障情况下，还能调整系统的电压，有利于提高系统的稳定性。但是同步调相机也存在明显的缺点，由于其是旋转机械，运行维护比较复杂。它的有功功率损耗较大，在满负荷时为额定容量的 1.5% ~ 5%，容量越小，百分值越大，故同步调相机宜于大容量集中使用。同步调相机的最大缺点是投资和运行成本大。此外，同步调相机的响应速度较慢，难以适应动态无功控制的要求，已逐渐被各种静止无功补偿装置所取代。

（3）电容器

静电电容器是目前最广泛使用的无功补偿装置。电容器供给的无功功率 Q_c 与所在节点的电压的平方成正比，即 $Q_c = U^2/X_c$，X_c 为电容器的电抗。

为了在运行中调节电容器的功率，可将电容器连接成若干组，根据负荷的变化分组投入或切除，实现补偿功率的调节，当然这种调节还是台阶型的，不是连续的。电容器的装设容量可大可小，而且既可集中使用，又可分散装设来就地供应无功功率，以降低网络的电能损耗。电容器每单位容量的投资费用较小且与总容量的大小无关，运行时功率损耗亦较小。此外由于它没有旋转部件，维护也较方便。因此，电容器是目前最广泛使用的补偿设备。

电容器作为补偿设备的缺点主要是无功功率的调节性能相对较差，它无法实现输出的连续调节。尤其是当电压下降时，电容器供给系统的无功功率将减少。因此，当系统发生故障电压下降时，电容器无功输出的减少将导致电压继续下降。所以为了保证不发生严重的电压稳定问题，电网应该保持足够的旋转无功储备，例如发电机、调相机或其他不受电压下降影响的无功电源。

（4）静止无功补偿器

调相机的无功调节是连续的，但是投资大；静电电容器虽然投资小，但是无功调节不连续。为了吸取二者的优点，人们研究出了静止无功补偿器。SVC 最早出现在 20 世纪 70 年代，它是由静电电容器与电抗器并联组成的，既可以通过电容器发出无功，又可以通过电抗器吸收无功，再配以调节装置，就能够平滑地改变输出或吸收的无功功率。

（5）静止无功发生器

静止无功发生器，也称为静止同步补偿器或静止调相机，它的主体部分是一个电压源型逆变器。

逆变器中六个可关断晶闸管（GTO）分别与六个二极管反向并联，适当控制GTO的通断，可以把电容上的直流电压转换成为与电力系统电压同步的三相交流电压，逆变器的交流侧通过电抗器或变压器并联接入系统。

3. 无功平衡和电压水平的关系

在电力系统在运行中，电源的无功出力实际上在任何时刻都同负荷的无功功率和网络的无功损耗之和相等。但是问题的关键在于无功平衡是在什么电压水平下实现的。

如果系统的无功电源比较充足，能满足较高电压水平下无功平衡的需要，系统就有较高的运行电压水平；反之，无功不足就反映为运行电压水平偏低。因此，实现在额定电压下的系统无功功率平衡是系统运行的目标，应根据这个目标配置必要的无功补偿装置。在控制好用户功率因数的条件下就地装设无功补偿装置都能够有效地抵偿无功需求，维持额定电压下的无功平衡。这种平衡不仅是保证电压质量的基本条件，同时也可以降低网络的有功损耗。

（二）电力系统的电压调整

1. 电压调整的必要性

（1）允许电压偏移

电压偏移是衡量电能质量的一个重要指标，电压偏移过大将严重影响用电设备的寿命和安全，降低生产的质量和数量，甚至引起系统性的电压稳定问题，造成大面积停电。以下具体说明。

各种用电设备在设计制造时都有一个额定电压，这些设备在额定电压下运行将具有最佳的性能。电压过高或过低将对用电设备产生不良影响。电力系统常见的用电设备是异步电动机、电热设备、照明灯以及家用电器等。异步电动机的电磁转矩是与其端电压平方成正比的，当电压降低10%时，转矩大约要降低19%。如果电动机所拖动机械负载的阻力矩不变，电压降低时，电动机的转差增大，定子电流也随之增大，发热增加，绕组温度增高，加速绝缘老化，影响电动机的使用寿命。当端电压太低时，电动机可能由于转矩太小而失速甚至停转。电炉等电热设备的出力大致与电压的平方成正比，电压降低就会延长电炉的冶炼时间，降低生产率。电压降低时，照明灯发光不足甚至无法启动；电压偏高时，照明设备的寿命将要缩短。电压过高将使用电设备绝缘受损，带来安全隐患。

电压偏移过大不仅影响用户的正常工作，同时对电力系统本身也有不利影响。当电压降低时，网络损耗加大，甚至危及电力系统运行的稳定性；而电压过高时，各种供电设备的绝缘可能受到损害，还可能增加电晕损耗等。当系统无功短缺、电压水平低下时，系统的电压稳定非常脆弱，可能因为外部扰动产生电压崩溃导致系统瓦解的严重事故。

电力系统的负荷是不断变化的，造成网络中的电压损耗也在不断变化。要严格保证所有负荷点在任何时刻都维持额定电压是不可能的，因此，运行中系统各节点出现电压偏移是不可避免的。另外，大多数用电设备在设计制造时也允许运行电压在额定电压上下的一定范围内。

（2）中枢点的电压管理

要使网络中各负荷点电压都达到要求，就必须采取电压调整措施。但是，由于负荷点数目众多且分散，不可能也没有必要对每一负荷点的电压进行监视和调整。实际系统中总是通过对一些主要的供电点电压进行监视和调整来达到全系统负荷点对电压偏移的要求。这些主要供电点称为中枢点，例如区域性电厂的高压母线、枢纽变电站的二次母线以及有大量地方负荷的发电机母线。

一个中枢点一般向多个负荷点供电，这时，中枢点的电压允许范围就能够根据各个负荷点对电压要求范围再加上相应的负荷点到中枢点的电压损耗来确定。由于各负荷点到中枢点的电压损耗各不相同，因而由各负荷点确定的中枢点的电压范围也不相同，各负荷点对中枢点电压要求范围的共同区域就是中枢点的电压允许变化范围。也就是说，当中枢点的实际电压在这个范围内变化时，各负荷点的电压要求都能够满足。显然，中枢点的电压允许变化范围小于各负荷点的电压要求范围。

中枢点的电压允许变化范围也可以按两种极端情况确定：在地区负荷最大时，电压最低负荷点的允许电压下限加上到中枢点的电压损耗等于中枢点的最低电压；在地区负荷最小时，电压最高负荷点的允许电压上限加上到中枢点的电压损耗等于中枢点的最高电压。当中枢点的电压能满足这两个负荷点的要求时，其他各点的电压基本上都能满足。

如果中枢点是发电机电压母线，则除了上述要求外，还应受厂用电设备与发电机的最高允许电压以及为保持系统稳定的最低允许电压的限制。

中枢点的调压方式一般被分为逆调压、顺调压和常调压三类。

逆调压：是一种在最大负荷时升高中枢点电压到 $1.05U_N$，在最小负荷时保持为额定电压 U_N 的调压方式。

顺调压：是一种在最大负荷时允许中枢点电压稍低一些，但是不低于 $1.025U_N$，在最小负荷时允许中枢点电压稍高一些，但是不高于 $1.075U_N$ 的调压方式。

常调压，也称恒调压：即在任何负荷下中枢点电压均保持在一个小范围内基本不变，常调压范围一般是 $1.02U_N \sim 1.05U_N$。

中枢点采用逆调压可以改善负荷点的电压质量。在大负荷时，线路电压损耗也大，若提高中枢点电压，可以抵偿掉部分电压损耗，使负荷点的电压不致过低；在小负荷时，线路电压损耗也小，适当降低中枢点电压就可使负荷点电压不致过高。因此逆调压效果最好，反之，顺调压的效果就最差。

从调压实现的难易程度来看，由于从发电厂到某些中枢点（例如枢纽变电站）也有电压损耗。若发电机电压一定，则在大负荷时，电压损耗大，中枢点电压自然要低一些；在小负荷时，电压损耗小，中枢点电压要高一些。中枢点电压的这种自然变化规律与逆调压的要求恰好相反，所以从调压的角度来看，逆调压的要求较高，较难实现，必须附加一些调压手段。顺调压则比较容易实现。

2. 电压调整的措施

发电机通过升压变压器、线路和降压变压器向用户供电，升压变压器和降压变压器的变比分别为 k_1 和 k_2，变压器和线路的总电阻和总电抗分别为 R 和 X。元件的导纳支路和网络损耗忽略不计，末端负荷节点的电压 U_{ld} 的计算公式为

$$U_{ld} = \frac{(U_G k_1 - \Delta U)}{k_2} \approx \frac{U_G k_1 - \dfrac{PR + QX}{U}}{k_2} \tag{2-31}$$

由上式可见，为了调整末端用户端电压 U_{ld}，可行的措施如下：

①改变发电机端电压 U_G；

②改变变压器的变比；

③改变无功功率的分布，主要是并联无功补偿装置；

④改变线路参数，主要是串联电容器减小线路电抗和增大导线截面减小电阻。

上述措施③、④都是为了减小线路的电压损耗。

（1）发电机调压

现代大中型同步发电机都装有自动励磁调节装置，可以根据运行情况调节励磁电流来改变其端电压达到调压的目的。对于不同类型的供电网络，发电机调压所起的作用是不同的。

对于供电路径不长、不经升压直接供电的小型配电网，发电机调压是最经济合理的调压措施，此时不必额外再增加调压设备，改变机端电压就能够满足负荷点的电压要求，且不增加投资，应优先采用。

对于线路较长、有多电压级的供电系统，单靠发电机不能满足负荷点的电压要求。这是因为从发电厂到最远处的负荷点之间，电压损耗的数值和变化幅度都比较大。单靠发电

机调压是不能解决问题的，还需采用其他调压措施。

对于大型电力系统，一般有很多台发电机并网运行。若采用发电机调压，一是会引起系统中无功功率的较大变化，二是受到发电机无功容量储备的限制。所以在大型电力系统正常稳态运行中，发电机调压一般只作为一种辅助性的调压措施。

（2）变压器变比调压

改变变压器的变比可以升高或降低次级绕组的电压。在双绕组变压器的高压侧绕组和三绕组变压器的高压侧和中压侧绕组均设有若干个分接头可供选择，其中对应额定电压U_N的称为主接头。改变变压器的变比调压需要根据调压要求适当选择分接头。

若变压器为普通的双绕组变压器，它只能在停电条件下设定分接头位置，在正常运行中不能随意停电，因而在一段时间内只能使用一个固定的分接头。

计算中要注意升压变压器的额定电压与降压变压器是有所差别的。此外，选择发电厂中升压变压器的分接头时，在最大和最小负荷情况下，还要求发电机的端电压都不能超过规定的允许范围。如果在发电机电压母线上接有地方负荷，则应当满足地方负荷对发电机母线的调压要求，一般可采用逆调压方式调压。

上述选择双绕组变压器分接头的计算公式也适用于三绕组变压器分接头的选择，三绕组变压器需根据变压器的运行要求分别逐个进行。对于三绕组降压变压器，一般是先根据低压侧对电压的要求来选定高压侧的分接头，再按中压侧对电压的要求和已选定的高压侧分接头电压来选择中压侧的分接头。对于三绕组升压变压器，低压侧为电源，其他两侧可以分别按照两台升压变压器来选择分接头。

（3）无功补偿调压

无功功率的产生基本上不消耗能源，但是无功功率沿电力网传送却要引起有功功率损耗和电压损耗。合理的配置无功功率补偿，改变网络的无功潮流分布，可以减少网络中的有功损耗和电压损耗。以下讨论如何按调压要求选择无功补偿容量的方法。

（4）线路串联电容器调压

改变线路参数调压可以针对电阻R或电抗X，但是增大导线半径减小尺很不经济。因此一般是通过在线路上串联电容以抵消电抗，减小电压损耗中QX/U分量的X，从而达到提高线路末端电压的目的。这种调压措施常用在较长的35kV和10kV线路中。值得注意的是，在超高电压输电线路中也有串联电容器，它的目的不是调压，而是通过减小电抗提高线路的传输容量，两者不要混淆。

（5）各种调压措施的合理应用

①发电机调压，不增加投资，可实现逆调压，但它受发电机出口电压上限和无功出力

的限制，在大系统中一般作为辅助手段。此外，在系统轻载电压较高时，发电机可进相运行吸收无功功率。

②在无功充裕或无功平衡的电力系统中，改变变压器变比调压有良好的效果，应优先采用。有载变压器可带电改变分接头，可实现逆调压。

③在无功不足的电力系统中，不宜采用改变变压器变比调压。因为改变变压器的变比从本质上并没有增加系统的无功功率而是以减少其他地方的无功功率来补充某地由于无功功率不足而造成的电压低下，其他地方则有可能因此而造成无功功率不足，不能从根本上解决整个电网的电压质量问题。因此，在无功功率不足的电力系统中，先应采用无功补偿装置补偿无功的缺额。并联无功补偿既可调压又可降低有功损耗，在无功负荷较大时应尽力先投入无功功率补偿装置平衡无功缺额。

④串联电容器调压一般用在供电电压为 35kV 或 10kV、负荷波动大而频繁、功率因数又很低的配电线路上。超高压线路上串联电容器不是为了调压，而是为了减小电抗，增加输送功率。

⑤超高压系统并联电抗器调压。为了减少输电损耗，现代电力系统利用超高压甚至特高压进行远距离输送电力，这种电力线路产生的电容无功功率是相当可观的，在线路空载或轻载时，它会造成线路末端电压升高，为了防止出现过电压损坏电器设备，因而需要在超高压线路的两端以及高压变电站装设并联电抗器。

⑥10kV 及以下系统，包括电缆线路，由于电阻比较大，为了调压应采用增大导线截面积的方法。

值得指出的是，对于实际电力系统的调压问题，工程上常采用技术经济比较的方法选择合理的调压方案。从更高的角度来看，现代电力系统的调压问题是一个综合优化问题。它的目标函数可以是有功网损最小，或者是电压监测点电压越限的平方和最小。它的等式约束条件是潮流方程，不等式约束是各监测点电压的上下限约束、各无功电源的上下限约束以及各变压器变比的上下限约束。这个优化问题可采用数学优化方法或人工智能方法求解，得到更为科学和优化的调压方案。

二、电力系统的有功平衡和频率调整控制

（一）电力系统的频率特性

电力系统稳态运行时，系统有功功率随频率变化时的特性称为电力系统的有功功率-频率静态特性，简称功频静特性。以下首先讨论负荷的频率特性，其次讨论发电机的频率

特性，最后在此基础上导出系统的频率特性。

1. 系统负荷的有功功率-频率静态特性

当系统频率发生变化时，系统中的有功功率负荷也将随之发生变化，系统有功功率负荷随频率的变化特性称为负荷的有功功率-频率静态特性。

再根据有功功率与频率的关系，可将负荷分为几类，包括与频率变化无关的负荷，如照明、电弧炉、整流设备等；与频率的一次方成正比的负荷，如球磨机、切削机床、压缩机等；与频率的二次方成正比的负荷，如变压器涡流损耗；与频率的三次方成正比的负荷，如通风机、循环水泵等；与频率的更高次方成正比的负荷，如给水泵等。

2. 发电机组的有功功率-频率静态特性

（1）发电机组的调速系统

发电机能够通过改变有功功率的输出来调整系统的频率，发电机调频的原理是依靠机组的调速系统。因此有必要研究调速系统的工作原理。

调速系统的种类很多。离心式的机械液压调速系统比较直观，便于说明调速器的工作过程。离心飞摆式调速系统由转速测量元件、放大元件、执行机构和转速控制机构四个部分组成。转速测量元件由离心飞摆、弹簧和套筒组成，它由机组大轴带动，能直接感知原动机转速的变化。

当负荷增大后，发电机组输出功率将增加，直到频率稳定在略低于初值的一个频率为止；同理，当负荷减小后，机组输出功率减小，频率会略高于初值。这种调节方式下，频率不能完全回到原来的频率，因此被称为有差调节。这种由调速系统中的Ⅰ、Ⅱ、Ⅲ元件按有差特性自动执行的调整称为频率的一次调整。

（2）发电机组的功频静特性系数与调差系数

发电机的有功出力同频率之间的关系称为发电机组的功频静态特性，可以近似表示为一条直线。

2类似负荷的频率调节效应系数 K_D 和 K_{D*}，可以定义发电机组的功频静特性系数 K_G 和 K_{G*}。在功频静态特性直线上任取两点 1 和 2，有：

$$K_G = -\frac{P_2 - P_1}{f_2 - f_1} = -\frac{\Delta P}{\Delta f} \tag{2-32}$$

以额定参数为基准的标么值表示时，便有：

$$K_{G*} = -\frac{\Delta P/P_{GN}}{\Delta f/f_N} = K_G \frac{f_N}{P_{GN}} \tag{2-33}$$

（二）电力系统的频率调整

1. 频率的一次调整

上述单机单负荷情况下的系统功频静特性其实就是频率的一次调整过程。下面将上述分析结论推广到多机多负荷的情况。

实际电力系统是由很多发电机和负荷组成的，基本上所有发电机都具有自动调速系统，它们共同承担一次调整任务。当 n 台装有调速器的机组并网运行时，根据各机组的单位调节功率算出其等值单位调节功率 K_G 和 K_{G*}，就可以利用前面单机单负荷的分析结论。以下介绍多台发电机等值为一台等值机的方法。

当系统频率变动 Δf 时，第 i 台机组的输出功率增量：

$$\Delta P_{Gi} = - K_{Gi}\Delta f, \ i = 1, \ 2, \ \cdots \qquad (2-34)$$

n 台机组输出功率总增量为：

$$\Delta P_G = \sum_{i=1}^{n} \Delta P_{Gi} = - \sum_{i=1}^{n} K_{Gi}\Delta f = - K_{Gi}\Delta f \qquad (2-35)$$

n 台机组的等值单位调节功率为：

$$K_G = \sum_{i=1}^{n} K_{Gi} = - \sum_{i=1}^{n} K_{Gi*} \frac{P_{GiN}}{f_N} \qquad (2-36)$$

总之，系统的单位调节功率 K_* 越大，频率保持稳定的能力就越强。但是为保证调速系统本身运行的稳定性，发电机的单位调节系数不能整定得过大。此外频率的一次调整只能适应变化幅度小、变化周期较短的负荷。对于变化幅度较大，变化周期较长的负荷，一次调整不一定能保证频率偏移在允许范围内。在这种情况下，需要频率的二次调整。

2. 频率的二次调整

（1）同步器的工作原理

二次调频由发电机组的转速控制机构——同步器来完成。同步器由伺服发电机、涡轮、涡杆等装置组成。当机组负荷变动引起频率变化时，利用同步器平行移动机组功频静特性来调节系统频率和分配机组间的有功功率，就是频率的二次调整。同步器的控制既可以采用手工方式，也可以采用自动方式，由手动控制同步器的称为人工调频，由自动调频装置控制的称为自动调频。

（2）频率的二次调整过程

频率的二次调整并不能改变系统的单位调节功率 K 的数值。但是由于二次调整上移于机组静态特性曲线，在同样的频率偏移下，系统能承受的负荷变化量增加了。当参与二次调整的发电机组产生的功率增量不能满足负荷变化的需要时，不足的部分同样只能由系统调节效应所产生的功率增量来抵偿，此时频率就不能恢复到原来的数值。

在多台机运行的电力系统中，当负荷变化时，配置了调速器的机组，只要还有可调的容量，都自动参加频率的一次调整。而频率的二次调整一般只是由一台或少数几台指定的发电机组承担，这些机组称为主调频机组。负荷变化时，如果所有主调频机组二次调整所得的总发电功率增量足以平衡负荷功率的初始增量 ΔP_{D0}，则系统的频率将恢复到初始值。否则频率将不能保持不变，所出现的功率缺额将根据一次调整的原理，部分由所有配置了调速器的机组按功频静特性所产生的功率增量承担，剩下部分由负荷的调节效应来补偿。

在发电机二次调整、一次调整以及负荷的调节效应共同作用下，频率仍然下降过大，此时还应考虑采取低频率减负载的措施，即按照事先设定好的级别分级切除负荷，最终达到恢复频率到正常范围的目标。低频减载是变电站综合自动化系统中的一个重要的自动装置。

3. 主调频厂的选择

全系统有调节能力的发电机组都会参与频率的一次调整，但只有少数发电机组承担频率的二次调整。按照是否承担二次调整可将电厂分为主调频厂、辅助调频厂和非调频厂三类，其中，主调频厂（一般是一两个电厂）负责全系统的频率调整（即二次调整）；辅助调频厂只在系统频率超过某一规定的偏移范围时才参与调整，这样的电厂一般也只有少数几个；非调频厂在系统正常运行情况下则按预先给定的负荷曲线发电。在选择主调频厂时，主要应考虑：

（1）应拥有足够的调整容量及调整范围；

（2）调频机组具有与负荷变化速度相适应的调整速度；

（3）调整出力时符合安全及经济的原则。

此外，还应考虑由于调频所引起的联络线上交换功率的波动，以及网络中某些中枢点的电压波动是否超出允许范围。

水轮机组具有较宽的出力调整范围，一般可达额定容量的50%以上，出力的增长速度也较快，一般在一分钟以内即可从空载过渡到满载状态，而且操作方便、安全。火力发电厂的锅炉和汽轮机都受允许最小技术负荷的限制，其中锅炉为25%（中温中压）至70%（高温高压）的额定容量，汽轮机为10%～15%的额定容量。因此，火力发电厂的出力调整范围不大，而且发电机组的负荷增减速度也受汽轮机各部分热膨胀的限制，不能过快，在50%～100%额定负荷范围内，每分钟仅能上升2%～5%。

所以，从出力调整范围和调整速度来看，水电厂最适合承担调频任务。但是在安排各类电厂的负荷时，还应考虑整个电力系统运行的经济性。在枯水季节，宜选水电厂作为主调频厂，火电厂中效率较低的机组则承担辅助调频的任务；在丰水季节，为了充分利用水利资源，水电厂宜带稳定的负荷，而由效率不高的火电厂承担调频任务。

4. 自动发电控制

自 20 世纪 80 年代中期开始，自动发电控制在电力系统中得到了广泛应用，实现自动发电控制的机组容量占系统总发电容量的比重越来越大。

AGC 是 Automatic Generation Control 的简称，它是能量管理系统（EMS）的重要组成部分。AGC 的工作过程是：首先，控制中心按照各机组的备用容量大小或功率调整速率，再结合经济分配规则，确定各机组应承担的功率变化量；其次，控制中心将控制命令发给参与控制的各发电机组，再通过各机组的自动控制调节装置实现发电自动控制，从而达到调控目标。

AGC 控制的主要目标有：

（1）调整全网的发电使之与负荷平衡，保持频率在正常范围内；

（2）按联络线功率偏差控制，使联络线交换功率在计划允许范围内；

（3）对电网的安全、经济调度方案进行执行。

5. 频率调整和电压调整的区别与联系

前面介绍的有功平衡与频率调整、无功平衡与电压调整存在类似之处，但是调频和调压也有所不同。最明显的是整个系统只有一个频率，因此调频涉及整个系统；而无功平衡和电压调整一般都是分电压等级分片就地解决。

当系统由于有功不足和无功不足导致频率和电压都偏低时，应该先解决有功平衡的问题，因为频率的提高能减少无功的缺额，这对于调整电压是有利的。如果首先提高电压，就会扩大有功的缺额，导致频率更加下降，因而无助于改善系统的运行状态。

第三章 建筑电气工程设计与施工

第一节 建筑电气工程设计

一、建筑电气设计的任务与组成

(一) 电气设计的范围

所谓电气设计范围，系指电气设计边界的划分问题，设计边界分为两种情况：第一，明确工程的内部线路与外部线路的分界点电气的边界不像土建边界，它不能按规划部门的红线来划分，通常是由建设单位（甲方）与有关部门商量确定，其分界点可能在红线以内，也可能在红线以外。如供电线路及工程的接电点，有可能在红线以外。第二，明确工程电气设计的具体分工和相互交接的边界在与其他单位联合设计或承担工中某几项的设计时，必须明确具体分工和相互交接的边界，以免出现整个工程图彼此脱节。

(二) 电气设计的内容

建筑电气设计的内容一般包括强电设计和弱电设计两大部分。

1. 强电设计

强电设计部分包括变配电、输电线路、照明电力、防雷与接地、电气信号及自动控制等项目。

2. 弱电部分

弱电设计包括电话、广播、共用天线电视系统、火灾报警系统、防盗报警系统、空调及电梯控制系统等项目。

3. 设计项目的确定

对于一个具体工程，其电气设计项目的确定，是根据建筑物的功能、工程设计规范、建设单位及有关部门的要求等来确定的，并非任何一个工程都包括上述全部项目，可能仅有强电，也可能是强电、弱电的某些项目的组合。

通常在一个工程中设计项目可以根据下列几个因素来确定。

（1）根据建设单位的设计委托要求确定

在建设单位委托书上，一般应写清楚设计内容和设计要求，这是因为有时建设单位可能把工程中的某几项另外委托其他单位设计，所以设计内容必须在设计委托书上写清楚。

（2）由设计人员根据规范的要求确定

例如，民用建筑的火灾报警系统，消防控制系统，紧急广播系统，防雷装置等内容是根据所设计建筑物的高度、规模、使用性能等情况，按照民用建筑有关的规范规定，由设计人员确定，而且在建设单位的设计委托书上不需要写明。但是，如果根据规范必须设置的系统或装置，而建设单位又不同意设置时，则必须有建设单位主管部门同意不设置的正式文件，否则应按规范执行。

（3）根据建筑物的性质和使用功能按常规设计要求考虑的内容来确定

例如，学校建筑的电气设计内容，除一般的电力、照明以外，还应有电铃、有线广播等内容，剧场的电气设计中，除一般的电力、照明以外，还应包括舞台灯光照明、扩声系统等内容，如此等等。

总之，设计时应当仔细弄清楚建设单位的意图，建筑物的性质和使用功能，熟悉国家设计标准和规范，本着满足规范的要求，服务于用户的原则确定设计内容。

强电和弱电设计往往涉及几个专业的知识，在一般设计单位，由于人力所限以及承担的工程项目规划不太大，往往这两个部分的分工不是很明确。但是在大的设计单位，往往把这两个部分划归两个专业。这在一般设计单位是难以做到的，因此要求电气设计人员对强、弱电设计都能掌握。

二、建筑电气设计与有关的单位及专业间的协调

（一）与建设、施工及公用事业单位的关系

1. 与建设单位的关系

工程完工后总是要交付给建设单位使用，满足使用单位的需要是设计的最根本目的。

因此，要做好一项建筑电气设计，必须首先了解建设单位的需求和他们所提供的设计资料。不是盲目地去满足，而是在客观条件许可的情况下，恰如其分地去实现。

2. 与施工单位的关系

设计是用图样表达工程的产品，而工程的实体则须靠施工单位去建造。因此，设计方案必须具备实施性，否则仅是"纸上谈兵"而已。一般来讲，设计者应该掌握电气施工工艺，至少应了解各种安装过程，以免设计出的图样不能实施。通常在施工前，需将设计意图向施工一方进行交底。在交底过程中，施工单位一般严格按照设计图样进行安装，若遇到更改设计或材料代用等需经过"洽商"，洽商作为图样的补充，最后纳入竣工图内。

3. 与公用事业单位的关系

电气装置使用的能源和信息是来自市政设施的不同系统。因此，在开始进行设计方案构思时，应考虑到能源和信息输入的可能性及其具体措施。与这方面有关的设施是供电网络、通信网络和消防报警网络等。因此，需和供电、电信和消防部门进行业务联系。

（二）建筑电气设计与其他专业设计的协调

1. 建筑电气与建筑专业的关系

建筑电气与建筑专业的关系，视建筑物的功能不同而不同。在工业建筑设计过程中，生产工艺设计是起主导作用的，土建设计是以满足工艺设计要求为前提，处于配角的地位。但民用建筑设计过程中，建筑专业始终是主导专业，电气专业和其他专业则处于配角的地位，即围绕建筑专业的构思而开展设计，力求表现和实现建筑设计的意图，并且在工程设计的全过程中服从建筑专业的调度。

虽然建筑专业在设计中处于主导地位，但是并不排斥其他专业在设计中的独立性和重要性。从某种意义上讲，建筑电气设施的优劣，标志着建筑物现代化程度的高低，所以建筑物的现代化除了建筑造型和内部使用功能具有时代气息外，很重要的方面是内部设备的现代化，这就对水、电、暖通专业提出更高的要求，使设计的工作量和工程造价的比重大大增加。也就是说，一次完整的建筑工程设计不是某一个专业所能完成的，而它是各个专业密切配合的结果。

由于各专业都有各自的特点和要求，有各自的设计规范和标准，所以在设计中不能片面地强调某个专业的重要而置其他专业的规范于不顾，影响其他专业的技术合理性和使用的安全性。如电气专业在设计中应当在总体功能和效果方面努力实现建筑专业的设计意图，但建筑专业也要充分尊重和理解电气专业的特点，注意为电气专业设计创造条件，并认真解决电气专业所提出的技术要求。

2. 建筑电气与建筑设备专业的协调

建筑电气与建筑设备（采暖、通风、上下水、煤气）争夺地盘的矛盾特别多。因此，在设计中应很好地协调，与设备专业合理划分地盘，建筑电气应主动与土建、暖通、上下水、煤气、热力等专业在设计中协调好，而且要认真进行专业间的校对，否则容易造成工程返工和建筑功能上的损失。

总之，只有各专业之间相互理解、相互配合，才能设计出既符合建筑设计的意图，又在技术和安全上符合规范，功能上满足使用要求的建筑电气系统。

三、建筑电气设计的原则与程序

（一）电气设计的原则

建筑电气的设计必须贯彻执行国家有关工程的政策和法令，应当符合现行的国家标准和设计规范。电气设计还应遵守有关行业、部门和地区的特殊规定和规程。在上述要求的前提下力求贯彻以下原则：①应当满足使用要求和保证"安全用电"。②确立技术先进、经济合理、管理方便的方案。③设计应适当留有发展的余地。④设计应符合现行的国家标准和设计规范。

（二）电气设计的程序

1. 初步设计阶段

电气的初步设计，是在工程的建筑方案设计基础上进行的。对于大中型复杂工程，还应进行方案比较，以便遴选技术上先进可靠、经济上合理的方案，然后进行内部作业，编制初步设计文件。

（1）初步设计阶段的主要工作

①了解和确定建设单位的用电要求。

②落实供电电源及配电方案。

③确定工程的设计项目。

④进行系统方案设计和必要的计算。

⑤编制初步设计文件，估算各项技术与经济指标（由建筑经济专业完成）。

⑥在初设阶段，还要解决好专业间的配合，特别是提出配电系统所必需的土建条件，

并在初步设计阶段予以解决。

（2）初步设计文件应达到的深度要求

①已确定设计方案。

②能满足主要设备及材料的订货要求。

③可以根据初设文件进行工程概算，以便控制工程投资。

④可作为施工图设计的基础。

以方案代替初设的工程，电气部分的设计一般只编制方案说明，可不设计图样，其初设深度是确定设计方案，据此估算工程投资。

2. 施工图样设计阶段

根据已批准的初步设计文件（包括审批中的修改意见以及建设单位的补充要求）进行施工图样设计。

（1）主要工作

①进行具体的设备布置。

②进行必要的计算。

③确定各电器设备的选型以及确定具体的安装工艺。

④编制出施工图设计文件等。

在这一阶段特别要注意与各专业的配合，尤其是对建筑空间、建筑结构、采暖通风以及上下水管道的布置要有所了解，避免盲目布置造成返工。

（2）施工图设计应达到的深度要求

①可以编制出施工图的预算。

②可以安排材料、设备和非标准设备的制作。

③可以进行施工和安装。

上述为一般建筑工程的情况，较复杂和较大型的工程建筑还有方案遴选阶段，建筑电气应与之配合。同时，建筑电气本身也应进行方案比较，采取切实可行的系统方案。特别复杂的工程尚需绘制管道综合图，以便于发现矛盾和施工安装。

四、建筑电气设计的具体步骤

建筑电气工程的设计从接受设计任务开始到设计工作全部结束，大致可分为以下几个步骤。

（一）方案设计

对于大型复杂的建筑工程，其电气设计需要做方案设计，在这一阶段主要是与建筑方案的协调和配合设计工作，此阶段通常有以下具体工作。

1. 接受电气设计任务

接受电气设计任务时，应先研究设计任务委托书，明确设计内容和要求。

2. 收集资料

设计资料的收集根据工程的规模和复杂程度，可以一次收集，也可以根据各设计阶段深度的需要而分期收集。

（1）向当地供电部门收集有关资料

主要有：①电压等级，供电方式（电缆或架空线，专用线或非专用线）；②配电线路回数、距离、引入线的方向及位置；③当采用高压供电时，还应收集系统的短路数据（短路容量、稳态短路电流、单相接地电流等）；④供电端的继电保护方式、动作电流和时间的整定值等；⑤供电局对用户功率因数、电能计量的要求，电价、电费收取办法；⑥供电局对用户的其他要求。

（2）向当地气象部门及其他单位收集资料

最高年平均温度、最热月平均最高温度、最热月平均温度、一年中连续三次的最热日昼夜平均温度、土壤中 0.7～1.0m 深处一年中最热月平均温度、年雷电小时数和雷电日数、50 年一遇的最高洪水位、土壤电阻率和土壤结冰深度。

（3）向当地电信部门收集有关资料

主要有：①选址附近电信设备的情况及利用的可能性，线路架式，电话制式等；②当地电视频道设置情况，电视台的方位，选址处的电视信号强度。

（4）向当地消防主管部门收集资料

由于建筑的防火设计需要，设计前，必须走访当地消防主管部门，了解有关建筑防火设计的地方法规。

3. 确定负荷等级

负荷等级的确定主要考虑以下几个方面：①根据有关设计规范，确定负荷的等级、建筑物的防火等级以及防雷等级。②估算设备总容量（kW），即设备的计算负荷总量（kW），需要备用电源的设备总容量（kW）和设备计算总容量（kW）（对一级负荷而言）。③配合建筑专业最后确定方案，即主要对建筑方案中变电所的位置、方位等提出初步意见。

（二）初步设计

建筑方案经有关部门批准以后，即可进行初步设计。初步设计阶段需做的工作有以下几个方面。

1. 分析设计任务书和进行设计计算

详细分析研究建设单位的设计任务书和方案审查意见，以及其他有关专业（如给排水、暖通专业）的工艺要求与电气负荷资料，在建筑方案的基础上进行电气方案设计，并进行设计计算（包括负荷计算、照度计算、各系统的设计计算等）。

2. 各专业间的设计配合

（1）给排水、暖通专业应提供用电设备的型号、功率、数量以及在建筑平面图上的位置，同时尽可能提供设备样本

（2）向结构专业了解结构型式、结构布置图、基础的施工要求等。

（3）向建筑专业提出设计条件，即包括各种电气设备（如变配电所、消防控制室、闭路电视机房、电话总机房、广播机房、电气管道井、电缆沟等）用房的位置、面积、层高及其他要求。

（4）向暖通专业提出设计条件，如空调机房和冷冻机房内的电气控制柜需要的位置空间，空调房间内的用电负荷等。

3. 编制初步设计文件

初步设计阶段应编制初步设计文件，初步设计文件一般包括图样目录、设计说明书、设计图样、主要设备表和概算（概算一般由建筑经济专业编制）。

（1）图纸目录。初步设计图纸目录应列出现制图的名称、编制单位、编制年月等。

（2）设计说明书。初设阶段以说明为主，即对各项内容和要求进行说明。设计说明内容包括：设计依据、设计范围、供电设计、电气照明设计、建筑物的防雷保护、弱电设计等。

（3）设计图样。初步设计的图样有供电总平面图、供电系统图、变配电所平面图、照明系统图及平面图、弱电系统图与平面图、主要设备材料表、计算书等。

（三）施工图设计

初步设计文件经有关部门审查批准以后，就可以进行施工图设计。施工图设计阶段的主要工作有以下几个方面。

1. 准备工作

检查设计的内容是否与设计任务和有关的设计条件相符；核对各种设计参数、资料是否正确；进一步收集必要的技术资料。

2. 设计计算

深入进行系统计算；进一步核对和调整计算负荷；进行各类保护计算、导线与设备的选择计算、线路与保护的配合计算、电压损失计算等。

3. 各专业间的配合与协调

对初步设计阶段互提的资料进行补充和深化。如向建筑专业提供需要他们配合的有关电气设备用房的平面布置图；需要结构专业配合的有关留预埋件或预留孔洞的条件图；向水暖专业了解各种用电设备的控制、操作、联锁要求等。

4. 编制施工图设计文件

施工图设计文件一般由图样目录、设计说明、设计图样、主要设备及材料表、工程预算等组成。图样目录中应先列出新绘制的图样，后列出选用的标准图、重复利用图及套用的工程设计图。

当本专业有总说明时，在各子项工程图样中应加以附注说明；当子项工程先后出图时，应分别在各子项工程图样中写出设计说明，图例一般在总说明中。

（四）工程设计技术交底

电气施工图设计完成以后，在施工开始以前，设计人员应向施工单位的技术人员或负责人做电气工程设计的技术交底。主要介绍电气设计的主要意图、强调指出施工中应注意的事项，并解答施工单位提出的技术疑问，补充和修改设计文件中的遗漏和错误。其间应做好会审记录，并最后作为技术文件归档。

（五）施工现场配合

在按图进行电气施工的过程中，电气设计人员应常去现场帮助解决图样上或施工技术上的问题，有时还要根据施工过程中出现的新问题做一些设计上的变动，并以书面形式发出修改通知或修改图。

（六）工程竣工验收

设计工作的最后一步是组织设计人员、建设单位、施工单位及有关部门对工程进行竣工验收。电气设计人员应检查电气施工是否符合设计要求，即详细查阅各种施工记录，并现场查看施工质量是否符合验收规范，检查电器安装措施是否符合图样规定，将检查结果逐项写入验收报告，并最后作为技术文件归档。

第二节 电气照明装置施工

一、照明灯具施工

进行照明装置安装之前，土建应具有如下条件：第一，对灯具安装有妨碍的模板、脚手架应拆除；第二，顶棚、墙面等的抹灰工作及表面装饰工作已完成，并结束场地清理工作。

照明装置安装施工中使用的电气设备及器材，均应符合国家或部颁的现行技术标准，并具有合格证件，设备应有铭牌。所有电气设备和器材到达现场后，应做仔细的验收检查，不合格或有损坏的均不能用以安装。

（一）灯具的安装要求

1. 灯具安装的要求

（1）用钢管作灯具的吊杆时，钢管内径不应小于 10mm，钢管壁厚不应小于 1.5mm。

（2）吊链灯具的灯线不应受拉力，灯线应与吊链编叉在一起。

（3）软线吊灯的软线两端应做保护扣，两端芯线应搪锡。

（4）同一室内或场所成排安装的灯具，其中心线偏差不应大于 5mm。

（5）荧光灯和高压汞灯及其附件应配套使用，安装位置应便于检修。

（6）灯具固定应牢固可靠，每个灯具固定用的螺钉或螺栓不应少于 2 个；若绝缘台直径为 75mm 以下，可采用 1 个螺钉或螺栓固定。

（7）室内照明灯距地面高度不得低于 2.5m，受条件限制时可减为 2.2m，低于此高度时，应进行接地或接零加以保护，或用安全电压供电。当在桌面上方或其他人不能够碰到的地方时，允许高度可减为 1.5m。

（8）安装室外照明灯时，一般高度不低于 3m，墙上灯具允许高度可减为 2.5m，不足以上高度时，应加保护措施，同时尽量防止风吹而引起的摇动。

2. 螺口灯头的接线要求

（1）相线应接在中心触点的端子上，中性线应接在螺纹端子上。

（2）灯头的绝缘外壳不应有破损和漏电。

（3）对带开关的灯头，开关手柄不应有裸露的金属部分。

3. 其他要求

（1）灯具及配件应齐全，且无机械损伤、变形、油漆剥落和灯罩破裂等缺陷。

（2）根据灯具的安装场所及用途，引向每个灯具的导线线芯最小截面面积应符合表 3 -1 的规定。

表 3-1　导线线芯最小截面面积（mm²）

灯具的安装场所及用途	线芯最小截面面积		
铜芯软线	铜线	铝线	
灯头线　民用建筑室内	0.5	0.5	2.5
灯头线　工业建筑室内	0.5	1.0	2.5
灯头线　室外	1.0	1.0	2.5

（3）灯具不得直接安装在可燃构件上，当灯具表面高温部位靠近可燃物时，应采取隔热、散热措施。

（4）在变电所内，高压、低压配电设备及母线的正上方，不应安装灯具。

（5）对装有白炽灯泡的吸顶灯具，灯泡不应紧贴灯罩，当灯泡与绝缘台之间的距离小于 5mm 时，灯泡与绝缘台之间应采取隔热措施。

（6）公共场所用的应急照明灯和疏散指示灯，应有明显的标志。无专人管理的公共场所照明宜装设自动节能开关。

（7）每套路灯应在相线上装设熔断器，由架空线引入路灯的导线，在灯具入口处应做防水弯。

（8）固定在移动结构上的灯具，其导线宜敷设在移动构架的内侧，当移动构架活动时，导线不应受拉力和磨损。

（9）当吊灯灯具质量超过 3kg 时，应采取预埋吊钩或螺栓固定；当软线吊灯灯具质量超过 1kg 时，应增设吊链。

（10）投光灯的底座及支架应固定牢靠，枢轴应沿需要的光轴方向拧紧固定。

（11）安装在重要场所的大型灯具的玻璃罩，应按设计要求采取防止碎裂后向下溅落的措施。

（二）灯具的安装

1. 吊灯的安装

根据灯具的悬吊材料不同，吊灯分为软线吊灯、吊链吊灯和钢管吊灯。

（1）位置的确定

成套（组装）吊链荧光灯，灯位盒埋设，应先考虑好灯具吊链开档的距离。安装简易直管吊链荧光灯的两个灯位盒中心之间的距离应符合下列要求：

①20W 荧光灯为 600mm。

②30W 荧光灯为 900mm。

③40W 荧光灯为 1200mm。

（2）白炽灯的安装

质量在 0.5kg 及以下的灯具可以使用软线吊灯安装。当灯具质量大于 0.5kg 时，应增设吊链。软线吊灯由吊线盒、软线和吊式灯座及绝缘台组成。除敞开式灯具外，其他各类灯具灯泡容量在 100W 及以上者采用瓷质灯头。

软线吊灯的组装过程及要点如下：

①准备吊线盒、灯座、软线、焊锡等。

②截取一定长度的软线，两端剥出线芯，把线芯拧紧后挂锡。

③打开灯座及吊线盒盖，将软线分别穿过灯座及吊线盒盖的孔，然后打一保险结，以防线芯接头受力。

④软线一端线芯与吊线盒内接线端子连接，另一端的线芯与灯座的接线端子连接。

⑤将灯座及吊线盒盖拧好。

塑料软线的长度一般为 2m，两端剥出线芯拧紧挂锡，将吊线盒与绝缘台固定牢，把线穿过灯座和吊线盒盖的孔洞，打好保险扣，将软线的一端与灯座的接线柱连接，另一端与吊线盒的两个接线柱相连接，将灯座拧紧盖好。

灯具一般由瓷质或胶木吊线盒、瓷质或胶木防水软线灯座、绝缘台组成。在暗敷设管路灯位盒上安装灯具时需要橡胶垫。使用瓷质吊线盒时，把吊线盒底座与绝缘台固定好，把防水软线灯灯座软线直接穿过吊线盒盖并做好保险扣后接在吊线盒的接线柱上。

使用胶木吊线盒时，导线须直接通过吊线盒与防水吊灯座软线相连接，把绝缘台及橡胶垫（连同线盒）固定在灯位盒上。接线时，把电源线与防水吊灯座的软线两个接头错开30～40mm。软线吊灯的软线两端应做保护扣，两端芯线应搪锡。

吊链白炽灯一般由绝缘台、上下法兰、吊链、软线和吊灯座及灯罩或灯伞等组成。

拧下灯座将软线的一端与灯座的接线柱进行连接，把软线由灯具下法兰穿出，拧好灯座。将软线相对交叉编入链孔内，穿入上法兰，把灯具线与电源线进行连接包扎后，将灯具上法兰固定在绝缘台上，拧上灯泡，安装好灯罩或灯伞。

吊杆安装的灯具由吊杆、法兰、灯座或灯架及白炽灯等组成。采用钢管做吊杆时，钢管内径一般不小于 10mm；钢管壁厚度不应小于 1.5mm。导线与灯座连接好后，另一端穿入吊杆内，由法兰（或管口）穿出，导线露出吊杆管口的长度不小于 150mm。安装时先固定木台，把灯具用木螺钉固定在木台上。超过 3kg 的灯具，吊杆应吊挂在预埋的吊钩上。灯具固定牢固后再拧好法兰顶丝，使法兰在木台中心，偏差不应大于 2mm。灯具安装好后吊杆应垂直。

（3）荧光灯的安装

吊杆安装荧光灯与白炽灯安装方法相同。双杆吊杆荧光灯安装后双杆应平行。

同一室内或场所成排安装的灯具，其中心线偏差不应大于 5mm。

组装式吊链荧光灯包括铁皮灯架、起辉器、镇流器，灯管管座和起辉器座等附件。现在常用电子镇流、启动荧光灯，不另带起辉器、镇流器。

（4）吊式花灯的安装

当吊灯灯具质量大于 3kg 时，应采用预埋吊钩或螺栓固定。花灯均应固定在预埋的吊钩上，吊钩圆钢的直径，不应小于灯具吊挂销的直径，且不得小于 6mm。

将灯具托（或吊）起，把预埋好的吊钩与灯具的吊杆或吊链连接好，连接好导线并应将绝缘层包扎严密，向上推起灯具上部的法兰，将导线的接头扣于其内，并将上法兰紧贴顶棚或绝缘台表面，拧紧固定螺栓，调整好各个灯位，上好灯泡，最后再配上灯罩并挂好装饰部件。

2. 吸顶灯的安装

（1）位置的确定

①现浇混凝土楼板，当室内只有一盏灯时，其灯位盒应设在纵、横轴线中心的交叉处；当有两盏灯时，灯位盒应设在长轴线中心与墙内净距离 1/4 的交叉处。设置几何图形组成的灯位，灯位盒的位置应相互对称。

②预制空心楼板内配管管路需沿板缝敷设时，要安排好楼板的排列次序，调整好灯位盒处板缝的宽度，使安装对称。室内只有一盏灯时，灯位盒应尽量设在室内中心的板缝内。当灯位无法设在室内中心时，应设在略偏向窗户一侧的板缝内。如果室内设有两盏（排）灯时，两灯位之间的距离应尽量等于灯位盒与墙距离的 2 倍。室内有梁时，灯位盒距梁侧面的距离应与距墙的距离相同。楼（屋）面板上，设置 3 个及以上成排灯位盒时，应沿灯位盒中心处拉通线定灯位，成排的灯位盒应在同一条直线上，允许偏差不应大于 5mm。

③住宅楼厨房灯位盒应设在厨房间的中心处。卫生间吸顶灯灯位盒，应配合给水排水、暖通专业，确定适当的位置；在窄面的中心处，灯位盒及配管距预留孔边缘不应小于

200mm。

（2）大（重）型灯具预埋件设置

①在楼（屋）面板上安装大（重）型灯具时，应在楼板层管子敷设的同时，预埋悬挂吊钩。吊钩圆钢的直径不应小于灯具吊挂销钉的直径，且不应小于6mm，吊钩应弯成T形或A形，吊钩应由盒中心穿下。

②现浇混凝土楼板内预埋吊钩时，应将A形吊钩与混凝土中的钢筋相焊接，如无条件焊接时，应与主筋绑扎固定。

③在预制空心板板缝处预埋吊钩时，应将A形吊钩与短钢筋焊接，或者使用T形吊钩。吊扇吊钩在板面上与楼板垂直布置，使用T形吊钩还可以与板缝内钢筋绑扎或焊接。

④大型花灯吊钩应能承受灯具自重6倍的重力，特别是重要的场所和大厅中的花灯吊钩，应做到安全可靠。一般情况下，吊钩圆钢直径最小不宜小于12mm，扁钢不宜小于50mm×5mm。

⑤当壁灯或吸顶灯、灯具本身虽质量不大，但安装面积较大时，有时也需在灯位盒处的砖墙上或混凝土结构上预埋木砖。

（3）方法与步骤

①把吸顶灯安装在砖石结构中时，要采用预埋螺栓，或用膨胀螺栓、尼龙塞或塑料塞固定，不可以使用木楔，因为木楔太不稳固，时间长也容易腐烂，并且上述固定件的承载能力应与吸顶灯的重量相匹配，以确保吸顶灯固定牢固、可靠，并可延长其使用寿命。

②如果是用膨胀螺栓固定时，钻孔直径和埋设深度要与螺栓规格相符。钻头的尺寸要选择好，否则不稳定。

③固定灯座螺栓的数量不应少于灯具底座上的固定孔数，且螺栓直径应与孔径相配；底座上无固定安装孔的灯具（安装时自行打孔），每个灯具用于固定的螺栓或螺钉不应少于2个，且灯具的重心要与螺栓或螺钉的重心相吻合；只有当绝缘台的直径在75mm及以下时，才可采用1个螺栓或螺钉固定。

④吸顶灯不可直接安装在可燃的物件上。有的家庭为了美观用油漆后的三夹板衬在吸顶灯的背后，这实际上很危险，必须采取隔热措施；如果灯具表面高温部位靠近可燃物时，也要采取隔热或散热措施。

⑤吸顶灯安装前还应检查以下几点：

a. 引向每个灯具的导线线芯的截面，铜芯软件不小于 $0.4mm^2$，铜芯不小于 $0.5mm^2$，否则引线必须更换。

b. 导线与灯头的连接、灯头间并联导线的连接要牢固，电气接触应良好，以免由于接触不良出现导线与接线端之间产生火花而发生危险。

⑥如果吸顶灯中使用的是螺口灯头，则其接线还要注意以下两点：

a. 相线应接在中心触点的端子上，零线应接在螺纹的端子上。

b. 灯头的绝缘外壳不应有破损和漏电，以防更换灯泡时触电。

⑦安装有白炽灯泡的吸顶灯具，灯泡不应紧贴灯罩；灯泡的功率也应按产品技术要求选择，不可太大，以避免灯泡温度过高，玻璃罩破裂后向下溅落伤人。

⑧与吸顶灯电源进线连接的两个线头，电气接触应良好，还要分别用黑胶布包好，并保持一定的距离。如果有可能尽量不将两线头放在同一块金属片下，以免短路发生危险。

注意事项：安装吸顶灯的各配件一定要是配套的，不能使用别的替代。安装吸顶灯时，要注意安全，要有别人在旁边帮助。

（4）白炽灯的安装

灯座又称灯头，品种繁多，可按使用场所进行选择。

平灯座上有两个接线桩，一个与电源的中性线连接；另一个与来自开关的一根（相线）连接。白炽灯平灯座在灯位盒上安装时，把平灯座与绝缘台先组装在一起，相线（来自开关控制的电源线）通过绝缘台的穿线孔由平灯座的穿线孔穿出，接到与平灯座中心触点的端子上，零线应接在灯座螺口的端子上，应将固定螺钉或铆钉拧紧，余线盘圆放入盒内，把绝缘台固定在灯位盒的缩口盖上。

插口平灯座上的两个接线桩，可任意连接上述两个线头，而螺口平灯座上的两个接线桩，为了使用安全，必须将电源中性线线头连接在连接螺纹圈的接线桩上，将来自开关的连接线线头连接在连接中心簧片的接线桩上。

（5）荧光灯的安装

圆形（也可称环形）吸顶灯可直接到现场安装。成套环形日光灯吸顶安装是直接拧到平灯座上，可按白炽灯平灯座安装的方法安装。方形、矩形荧光吸顶灯，需按国家标准进行安装。

安装时，在进线孔处套上软塑料管保护导线，将电源线引入灯箱内，灯箱紧贴建筑物表面上固定后，将电源线压入灯箱的端子板（或瓷接头）上，反光板固定在灯箱上，装好荧光灯管，安装灯罩。

3. 壁灯的安装

（1）位置的确定

①在室外壁灯安装高度不可低于 2.5m，室内一般不应低于 2.4m。住宅壁灯灯具安装高度可以适当降低，但不宜低于 2.2m，旅馆床头灯不宜低于 1.5m，成排埋设安装壁灯的

灯位盒，应在同一条直线上，高低差不应大于 5mm。

②壁灯若在柱上安装，则灯位盒应设在柱中心位置上。在柱或窗间墙上设置时，应防止灯位盒被采暖管遮挡。卫生间壁灯灯位盒应躲开给水排水管及高位水箱的位置。

（2）壁灯的安装

①壁灯安装在砖墙上时，应用预埋螺栓或膨胀螺栓固定；若壁灯安装在柱上时，应将绝缘台固定在预埋柱内的螺栓上，或打眼用膨胀螺栓固定灯具绝缘台。

②将灯具导线一线一孔由绝缘台出线孔引出，在灯位盒内与电源线相连接，塞入灯位盒内，把绝缘台对正灯位盒紧贴建筑物表面固定牢固，将灯具底座用木螺钉直接固定在绝缘台上。

③安装在室外的壁灯应有泄水孔，绝缘台与墙面之间应有防水措施。

（3）应急灯的安装

①疏散照明采用荧光灯或白炽灯，安全照明采用卤钨灯或瞬时可靠点燃的荧光灯。安全出口标志灯和疏散标志灯应装有玻璃或非燃材料的保护罩，面板亮度均匀度不低于 1：10（最低：最高），保护罩应完整、无裂纹。

②疏散照明宜设在安全出口的顶部、疏散走道及其转角处距地 1m 以下的墙面上。当在交叉口处墙面下侧安装，难以明确表示疏散方向时，也可将疏散标志灯安装在顶部。标志灯应有指示疏散方向的箭头标志，灯间距不宜大于 20m（人防工程不宜大于 10m）。在疏散灯周围，不应设置容易混同疏散标志灯的其他标志牌等。当靠近可燃物体时，应采取隔热、散热等防火措施。当采用白炽灯、卤钨灯等光源时，不能直接安装在可燃装修材料或可燃物体上。

③楼梯间内的疏散标志灯宜安装在休息平台板上方的墙角处或壁装，并应用箭头及阿拉伯数字清楚标明上、下层层号。

④安全出口标志灯宜安装在疏散门口的上方，在首层的疏散楼梯应安装于楼梯口的里侧上方，距地高度不宜低于 2m。

⑤疏散走道上的安全出口标志灯可明装，而厅室内宜采用暗装。安全出口的标志灯应有图形和文字符号，在有无障碍设计要求时，宜同时设有音响指示信号。可调光型安全出口标志灯宜用于影剧院的观众厅，在正常情况下减光使用，火灾事故时应自动接通至全亮状态。无专人管理的公共场所照明宜装设自动节能开关。

⑥应急照明线路在每个防火分区有独立的应急照明回路，穿越不同防火分区的线路应有防火隔堵措施。其线路应采用耐火电线、电缆，明敷设或在非燃烧体内穿刚性导管暗敷，暗敷保护层厚度不小于 30mm。电线采取额定电压不低于 750V 的铜芯绝缘电线。

4. 嵌入式灯具的安装

小型嵌入式灯具安装在吊顶的顶板上或吊顶内龙骨上，大型嵌入式灯具应安装在混凝土梁、板中伸出的支撑铁架、铁件上。大面积的嵌入式灯具，一般是预留洞口。

质量超过 3kg 的大（重）型灯具在楼（屋）面施工时，应把预埋件埋设好，在与灯具上支架相同的位置上另吊龙骨，上面需与预埋件相连接的吊筋连接，下面与灯具上的支架连接。支架固定好后，将灯具的灯箱用机用螺栓固定在支架上连线、组装。

嵌入顶棚内的灯具，灯罩的边框应压住罩面板或遮盖面板的板缝，并应与顶棚面板贴紧。矩形灯具的边框边缘应与顶棚面的装修直线平行，如灯具对称安装时，其纵、横中心轴线应在同一条直线上，偏差不应大于 5mm。日光灯管组合的开启式灯具，灯管排列应整齐，其金属或塑料的间隔片不应有扭曲等缺陷。

5. 装饰灯具的安装

（1）霓虹灯的安装

霓虹灯是一种艺术和装饰用灯。其既可以在夜空显示多种字形，又可以在橱窗里显示各种各样的图案或彩色的画面，广泛用于广告、宣传。霓虹灯由霓虹灯管和高压变压器两大部分组成。

①霓虹灯安装的基本要求

a. 灯管应完好，无破裂。

b. 灯管应采用专用的绝缘支架固定，且必须牢固、可靠。专用支架可采用玻璃管制成，固定后的灯管与建筑物、构筑物表面的最小距离不宜小于 20mm。

c. 霓虹灯专用变压器所供灯管长度不应超过允许负载长度。

d. 霓虹灯专用变压器的安装位置宜隐蔽且方便检修，但不宜装在吊顶内，并不易被非检修人员触及。明装时，其高度不宜小于 3m；当小于 3m 时，应采取防护措施；在室外安装时，应采取防水措施。

e. 霓虹灯专用变压器的二次导线和灯管间的连接线，应采用额定电压不低于 15kV 的高压尼龙绝缘导线。

f. 霓虹灯专用变压器的二次导线与建筑物、构筑物表面的距离不应小于 20mm。

②霓虹灯管的安装

a. 霓虹灯管由直径 10～20mm 的玻璃管弯制作成。灯管两端各装一个电极，玻璃管内抽成真空后，再充入氖、氩等惰性气体作为发光的介质，在电极的两端加上高压，电极发射电子激发玻璃管内惰性气体，使电流导通，灯管发出红、绿、蓝、黄、白等不同颜色的光束。

b. 霓虹灯管本身容易破碎，管端部还有高电压，因此，应安装在人不易触及的地方，并应特别注意安装牢固、可靠，防止高电压泄漏和气体放电而使灯管破碎，下落伤人。

c. 安装霓虹灯灯管时，一般用角铁做成框架，框架要既美观又牢固。在室外安装时还要经得起风吹雨淋。安装灯管时，应用各种琉璃或瓷制、塑料制的绝缘支持件固定。有的支持件可以将灯管直接卡入，有的则可用 $\varphi 0.5$ 的裸细铜丝扎紧，再用螺钉将灯管支持件固定在木板或塑料板上。

d. 室内或橱窗里的小型霓虹灯管时，在框架上拉紧已套上透明玻璃管的镀锌钢丝，组成间距为 $200 \sim 300mm$ 的网格，然后将霓虹灯管用 $\varphi 0.5$ 的裸铜丝或弦线等与玻璃管绞紧即可。

e. 霓虹灯变压器的安装：霓虹灯变压器必须放在金属箱内，两侧开百叶窗孔通风散热。变压器一般紧靠灯管安装，或隐蔽在霓虹灯板后，不可安装在易燃品周围，也不宜安装在吊顶内。室外的变压器明装时高度不宜小于 $3m$，否则应采取保护措施和防水措施。霓虹灯变压器离阳台、架空线路等距离不宜小于 $1m$。变压器的铁心、金属外壳、输出端的一端以及保护箱等均应进行可靠的接地。当橱窗内装有霓虹灯时，橱窗门与霓虹灯变压器一次侧开关应有联锁装置，确保开门不接通霓虹灯变压器的电源。

f. 霓虹灯专用变压器的二次导线和灯管间的接线，应采用额定电压不低于 $15kV$ 的高压尼龙绝缘线。二次导线与建筑物、构筑物表面的距离不宜小于 $20mm$。导线支持点间的距离，在水平敷设时为 $0.5m$，垂直敷设时为 $0.75m$。二次导线穿越建筑物时，应穿双层玻璃管加强绝缘，玻璃管两端须露出建筑物两侧长度各为 $50 \sim 80mm$。

g. 霓虹灯控制箱内一般装设有电源开关、定时开关和控制接触器。控制箱一般装设在邻近霓虹灯的房间内。在霓虹灯与控制箱之间应加装电源控制开关和椭断器，在检修灯管时，先断开控制箱开关，再断开现场的控制开关，以防止造成误合闸而使霓虹灯管带电的危险。

（2）装饰串灯的安装

①装饰串灯用于建筑物入口的门廊顶部。节日串灯可随意挂在装饰物的轮廓或人工花木上。彩色串灯装于螺纹塑料管内，沿装饰物的周边敷设，勾绘出装饰物的主要轮廓。串灯装于软塑料管或玻璃管内。

②装饰串灯可直接用市电点亮发光体。装饰串灯由若干个小电珠串联而成，每只小电珠的额定电压为 $2.5V$。

（3）节日彩灯的安装

①建筑物顶部彩灯采取有防雨功能的专用灯具，灯罩要拧紧，彩灯的配线管路按明配

管敷设且有防雨功能。

②彩灯装置有固定式和悬挂式两种。固定安装采用定型的彩灯灯具，灯具的底座有溢水孔，雨水可自然排出。

③安装彩灯装置时，应使用钢管敷设，连接彩灯灯具的每段管路应用管卡子及塑料膨胀螺栓固定，管路之间（灯具两旁）应 $\varphi 0.5$ 进行跨接连接。

④在彩灯安装部位，根据灯具位置及间距要求，沿线打孔埋入塑料胀管，将组装好的灯具底座及连接钢管一起放到安装位置，用膨胀螺栓将灯座固定。

⑤悬挂式彩灯多用于建筑物的四角，采用防水吊线灯头连同线路一起挂于钢丝绳上。其导线应采用绝缘强度不低于 500V 的橡胶铜导线，截面面积不应小于 $4mm^2$。灯头线与干线的连接应牢固，绝缘包扎紧密。导线所载有灯具重量的拉力不应超过该导线的允许力学性能。灯的间距一般为 700mm，距离地面 3m 以下的位置上不允许装设灯头。

二、照明配电箱（板）施工

（一）照明配电箱的安装

照明配电箱有标准型和非标准型两种。标准配电箱可向生产厂家直接订购或在市场上直接购买；非标准配电箱可自行制作。照明配电箱的安装方式有明装、嵌入式暗装和落地式安装。

1. 照明配电箱的安装要求

（1）在配电箱内，有交、直流或不同电压时，应有明显的标志或分设在单独的板面上。

（2）导线引出板面，均应套设绝缘管。

（3）配电箱安装垂直偏差不应大于 3mm。暗设时，其面板四周边缘应紧贴墙面，箱体与建筑物接触的部分应刷防腐漆。

（4）照明配电箱安装高度，底边距离地面一般为 1.5m；配电板安装高度，底边距离地面不应小于 1.8m。

（5）三相四线制供电的照明工程，其各相负荷应均匀分配。

（6）配电箱内装设的螺旋式熔断器的电源线应接在中间触点的端子上，负荷线接在螺纹的端子上。

（7）配电箱上应标明用电回路名称。

2. 悬挂式配电箱的安装

悬挂式配电箱可安装在墙上或柱子上。直接安装在墙上时，应先埋设固定螺栓，固定螺栓的规格和间距应根据配电箱的型号与质量以及安装尺寸决定。螺栓长度应为埋设深度（一般为120~150mm）加箱壁厚度以及螺帽和垫圈的厚度，再加上3~5扣螺纹的余量长度。

施工时，先量好配电箱安装孔的尺寸，在墙上画好孔位，然后打孔，埋设螺栓（或用金属膨胀螺栓）。待填充的混凝土牢固后，即可安装配电箱。安装配电箱时，要用水平尺放在箱顶上，测量箱体是否水平。如果不平，可调整配电箱的位置以达到要求。同时，在箱体的侧面用磁力吊线坠测量配电箱上、下端与吊线的距离；如果相等，说明配电箱装得垂直，否则应查明原因，并进行调整。

配电箱安装在支架上时，应先将支架加工好，然后将支架埋设固定在墙上，或用抱箍固定在柱子上，再用螺栓将配电箱安装在支架上，并进行水平和垂直调整。

配电箱安装高度按施工图纸要求。若无要求时，一般底边距离地面为5m，安装垂直偏差应不大于3mm。配电箱上应注明用电回路名称，并按设计图纸给予标明。

3. 嵌入式暗装配电箱的安装

嵌入式暗装配电箱的安装，通常是按设计指定的位置，在土建砌墙时，先把配电箱底预埋在墙内。预埋前，应将箱体与墙体接触部分刷防腐漆，按需要砸下敲落孔压片，有贴脸的配电箱，把贴脸卸掉。一般当主体工程砌至安装高度时，就可以预埋配电箱，配电箱应加钢筋过梁，避免安装后变形，配电箱底应保持水平和垂直，应根据箱体的结构形式和墙面装饰厚度来确定突出墙体的尺寸。预埋时，应做好线管与箱体的连接固定。箱内配电盘安装前，应先清除杂物，补齐护帽，零线要经零线端子连接。

配电盘安装后，应接好接地线。照明配电箱安装高度按施工图样要求，配电箱的安装高度，一般底边距离地面不应小于1.8mm。安装的垂直误差不大于3mm。当墙壁的厚度不能满足嵌入式要求时，可采用半嵌入式安装，使配电箱的箱体一半在墙面外，另一半嵌入墙内。其安装方法与嵌入式相同。

（二）照明配电板的安装

照明配电板装置是用户室内照明及电器用电的配电点，输入端接在供电部门送到用户的进户线上。其将计量、保护和控制电器安装在一起，便于管理和维护，有利于安全用电。

1. 照明配电板的安装要求

（1）元器件安装工艺要求

①在配电板上要按预先的设计进行安装，元器件安装位置必须正确，倾斜度一般不超

过 1.5mm，最多不超过 5mm，同类元器件安装方向必须保持一致。

②元器件安装牢固，稍用力摇晃无松动感。

③文明安装，小心谨慎，不得损伤、损坏器材。

（2）线路敷设工艺要求。

①照图施工，配线完整、正确，不多配、少配或错配。

②在既有主回路又有辅助回路的配电板上敷线，两种电路必须选用不同颜色的线以示区别。

③配线长短适度，线头在接线桩上压接不得压住绝缘层，压接后裸线部分不得大于 1mm。

④凡与有垫圈的接线桩连接，线头必须做成"羊眼圈"，并且"羊眼圈"略小于垫圈。

⑤线头压接牢固，稍用力拉扯不应有松动感。

⑥对螺旋式熔断器接线时，中心接片接电源，螺口接片接负载。

⑦走线横平竖直，分布均匀。转角圆呈 90°，弯曲部分自然圆滑，全电路弧度保持一致；转角控制在 90°+2° 以内。

⑧长线沉底，走线成束。同一平面内部允许有交叉线。必须交叉时应在交叉点架空跨越，两线间距不小于 2mm。

⑨布线顺序一般以电能表或接触器为中心，由里向外，由低向高，先装辅助回路后装主回路，即以不妨碍后续布线为原则。

⑩配电板应安装在不易受振动的建筑物上，板的下缘距离地面 1.5 ~ 1.7m。安装时，除注意预埋紧固件外，还应保持电能表与地面垂直，否则将影响电能表计数的准确性。

2. 照明配电板的安装方法

照明配电板的安装过程为选材、定位、闸具组装、板面接线和配电板固定。

（1）选材

配电板的材料可选择木制板和塑料板。

①木制板

其规格取 400mm×250mm×30mm 为宜，不应有劈裂、霉蚀、变形等现象，油漆均匀，其板厚不应小于 20mm，并应用条木做框架。

②塑料板

其规格取 300mm×250mm×30mm 为宜，并具有一定强度，断、合闸时不颤动，板厚一般不应小于 8mm，不得刷油漆，并有产品合格证。

（2）定位

配电板位置应选择在干燥、无尘埃的场所，且应避开暖卫管、窗门及箱柜门。在无设计要求时，配电板底边距离地面高度不应小于 1.8m。

（3）闸具组装

板面上闸具的布置应便于观察仪表和便于操作，通常是仪表在上，开关在下，总电源开关在上，负荷开关在下。板面排列布置时，必须注意各电器之间的尺寸。将闸具在表板上首先做实物排列，量好间距，画出水平线，均分线孔位置，然后画出固定闸具和表板的孔径。撤去闸具进行钻孔，钻孔时，先用尖案子准确点冲凹窝，无偏斜后，再用电钻进行钻孔。为了便于螺钉帽与面板表面平齐，再用一个钻头直径与螺钉帽直径相同的钻头进行第二次扩孔，深度以螺钉帽埋入面板表面平齐为准。闸具必须用镀锌木螺钉拧装牢固。

（4）板面接线

配电板接线有两种方法。第一种方法是打孔接线法，打好孔，固定好闸具后，将板后的配线穿出表板的出线孔，并套上绝缘嘴，然后剥去导线的绝缘层，并与闸具的接线柱压牢；第二种方法是板前接线法，这种方法无须打孔，导线直接在板前明敷，要求导线横平竖直，且不得交叉。明敷应采用硬制铜芯线。

（5）配电板固定

根据配电板的固定孔位，在墙面上选定的位置上留下孔位记号，用电钻打出四孔，塞入直径不小于8mm的塑料胀管或金属膨胀螺栓。钻孔时应注意，孔不要钻在砖缝中间，如在砖缝中间应做处理。固定配电板前，应先将电源线及支路线正确地穿出表板的出线孔，并套好绝缘嘴，导线预留适当余量，然后再固定配电板。

第三节　建筑工程防雷与接地施工

一、接闪器及附件

（一）接闪器

1. 组成

接闪器由拦截闪击的接闪杆、接闪带、接闪线、接闪网以及金属屋面、金属构件等组成。

2. 材料规格

利用金属屋面做第二类、第三类防雷建筑物的接闪器时，接闪的金属屋面的材料和规格应符合下列规定：

（1）金属板下无易燃物品时，应符合下列规定：

①铅板厚度大于或等于2mm。

②钢、钛、铜板厚度大于或等于0.5mm。

③铝板厚度大于或等于0.65mm。

④锌板厚度大于或等于0.7mm。

（2）金属板下有易燃物品时，应符合下列规定：

①钢、钛板厚度大于或等于4mm。

②铜板厚度大于或等于5mm。

③铝板厚度大于或等于7mm。

（3）使用单层彩钢板为屋面接闪器时，其厚度分别满足（1）、（2）的要求；使用双层夹保温材料的彩钢板，且保温材料为非阻燃材料和（或）彩钢板下无阻隔材料时，不宜在有易燃物品的场所使用。

当独立烟囱上采用热镀锌接闪杆时，其圆钢直径不应小于12mm；扁钢截面积不应小于100mm^2，其厚度不应小于4mm。

架空接闪线和接闪网宜采用截面积不小于50mm^{2}的热镀锌钢绞线或铜绞线。

3. 金属屋面

除第一类防雷建筑物外，金属屋面的建筑物宜利用其屋面作为接闪器，并应符合下列要求：

（1）板间的连接应是持久的电气贯通，例如，采用铜锌合金焊、熔焊、卷边压接、缝接、螺钉或螺栓连接。

（2）金属板下面无易燃物品时，其厚度：铅板不应小于2mm，不锈钢、热镀锌钢、钛和铜板不应小于0.5mm，铝板不应小于0.65mm，锌板不应小于0.7mm。

（3）金属板下面有易燃物品时，其厚度：不锈钢、热镀锌钢和钛板不应小于4mm，铜板不应小于5mm，铝板不应小于7mm。

（4）金属板无绝缘被覆层。薄的油漆保护层或1mm厚沥青层或0.5mm厚聚氯乙烯层均不属于绝缘被覆层。

4. 永久性金属物

除第一类防雷建筑物和规定外，屋顶上永久性金属物宜作为接闪器，但其各部件之间均应连成电气贯通，并应符合下列规定：

（1）旗杆、栏杆、装饰物、女儿墙上的盖板等，其壁厚应符合金属屋面的建筑物宜利用其屋面作为接闪器的规定。

（2）输送和储存物体的钢管和钢罐的壁厚不应小于2.5mm；当钢管、钢罐一旦被雷击穿，其内的介质对周围环境造成危险时，其壁厚不应小于4mm。

注：利用屋顶建筑构件内钢筋作接闪器应符合规定。

5. 专门敷设的接闪器

专门敷设的接闪器应由下列一种或多种组成：

（1）独立接闪杆。

（2）架空接闪线或架空接闪网。

（3）直接装设在建筑物上的接闪杆、接闪带或接闪网。

专用接闪杆应能承受$0.7kN/m^2$的基本风压，在经常发生台风和大于11级大风的地区，宜增大接闪杆的尺寸。

不得利用安装在接收无线电视广播天线杆顶上的接闪器保护建筑物。

（二）接闪杆

1. 要求

接闪杆宜采用热镀锌圆钢或钢管制成，其直径不应小于下列数值：

（1）杆长1m以下：圆钢为12mm；钢管为20mm。

（2）杆长1~2m：圆钢为16mm；钢管为25mm。

（3）独立烟囱顶上的杆：圆钢为20mm；钢管为40mm。

接闪杆的接闪端宜做成半球状，其弯曲半径为最小4.8mm至最大12.7mm。

2. 安装

用于基本风压为$0.7kN/m^2$以下的地区，建筑物高度不超过50m的接闪杆在屋面上安装。

方案Ⅰ：底脚螺栓预埋在支座内，最少应有2个与支座钢筋焊接，支座与屋面板同时捣制。

方案Ⅱ：预埋板与底板铁脚预埋在支座内，最少应有2个与支座钢筋焊接，支座与屋面板同时捣制。支座应在墙或梁上，否则应对支撑强度进行校验。

接闪带的固定采用焊接或卡固，接闪带水平敷设时，支架间距为1m，转弯处为0.5m。

接地端子板的安装连接可采用100mm×100mm×6mm的钢板，钢板及其与接闪带的连接线可暗敷。

（三）接闪带

1. 天沟、屋面

支座在施工面层时浇制，也可预制再砌牢。接闪带的固定采用焊接或卡固。水平敷设时，支架间距为 1m，转弯处为 0.5m。

2. 瓦坡屋顶

瓦坡屋顶所有凸起的金属构筑物或管道均与接闪带连接。

3. V 形折板

V 形折板建筑物有防雷要求时，可明装接闪网，也可利用 V 形折板内钢筋做接闪网暗装，此插筋与吊环应和网筋绑扎，通长筋应和插筋、吊环绑扎。折板接头部位（节点 1）的通长筋在端部（$B-B$）预留有钢筋头，便于与引下线连接，引下线的位置由工程设计确定。等高多跨搭接处通长筋与通长筋应绑扎，不等高多跨搭接处、通长筋之间应用 $\varphi 8$ 的圆钢连接焊牢，绑扎或连接的间距为 6m。

（四）安装

1. 布置

布置接闪器时，可单独或任意组合采用接闪杆、接闪带、接闪网，其中包括采用滚球法。

接闪器的安装布置应符合工程设计文件的要求，并应符合现行国家标准中对不同类别防雷建筑物接闪器布置的要求。

2. 固定

固定支架的高度不宜小于 150mm。固定接闪导线的固定支架应固定可靠，每个固定支架应能承受 49N 的垂直拉力。

3. 防腐

除利用混凝土构件钢筋或在混凝土内专设钢材做接闪器外，钢质接闪器应热镀锌。在腐蚀性较强的场所，尚应采取加大其截面积或其他防腐措施。

4. 连接

建筑物顶部和外墙上的接闪器必须与建筑物栏杆、旗杆、吊车梁、管道、设备、太阳能热水器、门窗、幕墙支架等外露的金属物进行电气连接。

接闪器上应无附着的其他电气线路或通信线、信号线，设计文件中有其他电气线和通信线敷设在通信塔上时，应符合规范的规定。

专用接闪杆位置应正确，焊接固定的焊缝应饱满无遗漏，焊接部分防腐应完整。接闪导线应位置正确、平正顺直、无急弯。焊接的焊缝应饱满无遗漏，螺栓固定的应有防松零件。

5. 敷设

位于建筑物顶部的接闪导线可按工程设计文件要求暗敷在混凝土女儿墙或混凝土屋面内。当采用暗敷时，作为接闪导线的钢筋施工应符合现行国家标准中的规定。高层建筑物的接闪器应采取明敷方法。在多雷区，宜在屋面拐角处安装短接闪杆。

二、引下线及施工

（一）引下线

1. 引下线概述

引下线指连接接闪器与接地装置的金属导体。防雷装置的引下线应满足机械强度、耐腐蚀和热稳定的要求。

引下线不应敷设在下水管道内，并不宜敷设在排水槽沟内。

2. 材料

引下线宜采用热镀锌圆钢或扁钢，宜优先采用圆钢。

当独立烟囱上的引下线采用圆钢时，其直径不应小于12mm；采用扁钢时，其截面积不应小于100mm²，厚度不应小于4mm。

专设引下线应沿建筑物外墙外表面明敷，并经最短路径接地；建筑艺术要求较高者可暗敷，但其圆钢直径不应小于10mm，扁钢截面积不应小于80mm²。

（二）安装

1. 间距

第一类、第二类和第三类防雷建筑物专设引下线不应少于两根，并应沿建筑物周围均匀布设，其平均间距分别不应大于12m、18m和25m。

第二类或第三类防雷建筑物为钢结构或钢筋混凝土建筑物时，在其钢构件或钢筋之间的连接满足规范规定并利用其作为引下线的条件下，当其垂直支柱均起到引下线的作用时，可不要求满足专设引下线之间的间距。

引下线安装与易燃材料的墙壁或墙体保温层间距应大于 0.1m。

2. 固定

引下线固定支架应固定可靠，每个固定支架应能承受 49N 的垂直拉力。固定支架的高度不宜小于 150mm。

3. 防腐

明敷的专用引下线应分段固定，并应以最短路径敷设到接地体，敷设应平正顺直、无急弯。焊接固定的焊缝应饱满无遗漏，螺栓固定的焊缝应有防松零件（垫圈），焊接部分的防腐应完整。

4. 断接卡

采用多根专设引下线时，应在各引下线上于距地面 0.3m 至 1.8m 之间装设断接卡。

利用混凝土内钢筋、钢柱作为自然引下线并同时采用基础接地体时，可不设断接卡，但利用钢筋作引下线时应在室内外的适当地点设若干连接板，这些连接板可供测量、接人工接地体和作等电位联结用。

当仅利用钢筋作引下线并采用埋于土壤中的人工接地体时，应在每根引下线上于距地面不低于 0.3m 处设接地体连接板。采用埋于土壤中的人工接地体时应设断接卡，其上端应与连接板或钢柱焊接。连接板处宜有明显标志。

引下线距地面 1.8m 处设断接卡，连接板和钢板应热镀锌。接闪带或引下线的连接在焊接有困难时，可采用螺栓连接。

5. 保护

在易受机械损伤之处，地面上 1.7m 至地面下 0.3m 的一段接地线应采用暗敷或采用镀锌角钢、改性塑料管或橡胶管等加以保护。

建筑物外的引下线敷设在人员可停留或经过的区域时，应采用下列一种或多种方法，防止接触电压和旁侧闪络电压对人员造成伤害

（1）外露引下线在高 2.7m 以下部分穿不小于 3mm 厚的交联聚乙烯管，交联聚乙烯管应能耐受 100kV 冲击电压（1.2/50μs 波形）。

（2）应设立阻止人员进入的护栏或警示牌。护栏与引下线水平距离不应小于 3m。

6. 连接

引下线可利用建筑物的钢梁、钢柱、消防梯等金属构件作为自然引下线，金属构件之间应电气贯通。

引下线两端应分别与接闪器和接地装置做可靠的电气连接。

混凝土柱内钢筋，应按工程设计文件要求采用土建施工的绑扎法、螺钉扣连接等机械连接或对焊、搭焊等焊接连接。

引下线上应无附着的其他电气线路，在通信塔或其他高耸金属构架起接闪作用的金属物上敷设电气线路时，线路应采用直埋于土壤中的铠装电缆或穿金属管敷设的导线。电缆的金属护层或金属管应两端接地，埋入土壤中的长度不应小于10m。

三、接地装置

（一）接地极安装

1. 埋地人工接地极

当设计无要求时，人工接地体在土壤中的埋设深度不应小于0.5m，并宜敷设在地冻土层以下，其距墙或基础不宜小于1m。接地体宜远离由于烧窑、烟道等高温影响使土壤电阻率升高的地方。

埋于土壤中的人工垂直接地体宜采用热镀锌角钢、钢管或圆钢；埋于土壤中的人工水平接地体宜采用热镀锌扁钢或圆钢。接地线应与水平接地体的截面积相同。

人工钢质垂直接地体的长度宜为2.5m，其间距以及人工水平接地体的间距均宜为5m，当受地方限制时可适当减小。

人工接地体与建筑物外墙或基础之间的水平距离不宜小于1m。

在敷设于土壤中的接地体连接到混凝土基础内起基础接地体作用的钢筋或钢材的情况下，土壤中的接地体宜采用铜质或镀铜或不锈钢导体。

（1）棒形接地极

接地极如埋入建筑物或构筑物旁边时，其规格可采用$\varphi10$的圆钢，长度由工程设计确定。为了使圆钢接地极便于打入地下，将接地极端部锻尖。

（2）管型接地极

钢管接地板尖端的做法：在距管口120mm长的一段，锯成四块锯齿形，尖端向内打合焊接而成。接地极、连接线及卡箍规格有特殊要求时，由工程设计确定。

（3）角钢接地极

接地极和连接线表面应镀锌，规格有特殊要求时，由工程设计确定。

2. 埋于基础内人工接地极

接地极规格不应小于$\varphi10$的镀锌圆钢或25×4的镀锌扁钢。连接线一般采用$\geq\varphi10$的镀锌圆钢。支持器的间距以土建施工中能使人工接地极不发生偏移为准，由现场确定。

3. 钢筋混凝土基础中的钢筋作接地极

每个基础中仅需一个地脚螺栓通过连接导体与钢筋网连接。连接导体与地脚螺栓和钢筋网的连接采用焊接，在施工现场没有条件进行焊接时，应预先在钢筋网加工场地焊好后运往施工现场。将与地脚螺栓焊接的那一根垂直钢筋焊接到水平钢筋网上（当不能直接焊接时，采用一段 $\varphi 10$ 的钢筋或圆钢铸焊）。当基础底有桩基时，将每一桩基的一根主筋同承台钢筋焊接，当不能直接焊接时可采用卡夹器连接。

连接导体引出位置是在杯口一角的附近，与预制的钢筋混凝土柱上的预埋连接板相对应。在连接导体焊到柱上预埋连接板后，与土壤接触的外露连接导体和连接板均用 1：3 水泥砂浆保护，保护层厚度不小于 50mm。连接导体与钢筋网的连接一般应采用焊接。在施工现场没有条件进行焊接时，应预先在钢筋网加工场地焊好后运往施工现场。将与引出线连接的那一根垂直钢筋焊接到水平钢筋网上（当不能直接焊接时，采用一段 $\varphi 10$ 的钢筋或圆钢跨焊）。当基础底有桩基时，将每一桩基的一根主筋同承台钢筋焊接，当不能直接焊接时可采用卡夹器连接。

当建筑物的基础采用以硅酸盐为基料的水泥和周围土壤的含水量不低于 4% 以及基础的外表面无防腐层或有沥青质的防腐层时，钢筋混凝土基础内的钢筋宜作为接地极。

（二）接地线

采用焊接，只有在接地电阻检测点或不允许焊接的地方采用螺栓连接，连接处应镀锌或接触面涮锡。

接地线连接器的型号、规格根据使用要求选用专业厂家产品。

接地体间采用火泥熔焊连接的几种形式，火泥熔焊工艺可用于多种不同材质接地体之间的可靠连接，适用于接地要求高或不便于采用焊接的地方。

（三）均压带

1. 要求

在建筑物外人员可经过或停留的引下线与接地体连接处 3m 范围内，应采用防止跨步电压对人员造成伤害的下列一种或多种方法如下：

（1）铺设使地面电阻率不小于 $50K^2 \cdot m$ 的 5cm 厚的沥青层或 15cm 厚的砾石层。

（2）设立阻止人员进入的护栏或警示牌。

（3）将接地体敷设成水平网格。

2. 敷 设

水平接地体局部埋深不应小于 1.0m。水平接地体局部应包绝缘物，可采用 50~80mm 厚的沥青层。采用沥青碎石地面或在接地体上方铺 50~80mm 厚的沥青层，其宽度应超过接地体 2m。埋设帽檐式辅助均压带。

第四章 智能建筑电气工程施工设计

第一节 火灾自动报警系统工程施工

一、火灾自动报警系统的组成

火灾自动报警系统用以监视建筑物现场的火情，当存在火患开始冒烟而还未明火之前，或者已经起火但还未成灾之前发出火情信号，以通知消防控制中心及时处理并自动执行消防前期准备工作。又能根据火情位置及时输出联动控制信号，启动相应的消防设备进行灭火。简言之，即实现火灾早期探测、发出火灾报警信号、并向各类消防设备发出控制信号完成各项消防功能的系统。火灾自动报警系统在智能建筑中通常被作为智能建筑三大体系中 BAS（建筑设备管理系统）的一个非常重要的独立的子系统。整个系统的动作，既能通过建筑物中智能系统的综合网络结构来实现，又可以在完全摆脱其他系统或网络的情况下独立工作。火灾自动报警系统一般由火灾触发器件、火灾报警装置、火灾报警控制器、消防联动控制系统等组成。火灾探测器和手动报警按钮通过区域报警控制器把火灾信号传入集中报警控制器，集中报警控制器接收多个区域报警控制器送入的火灾报警信号，并可判别火灾报警信号的地点和位置，通过联动控制器实现对各类消防设备的控制，从而实施防排烟、开消防泵、切断非消防电源等灭火措施；并同时进行火灾事故广播、启动火灾报警装置、打火警电话。

（一）火灾探测器

火灾探测器是能对火灾参量做出有效响应，并转化为电信号，将报警信号送至火灾报警控制器的器件。它是火灾自动报警系统最关键的部件之一。

1. 感烟式探测器

烟雾是火灾的早期现象，利用感烟探测器就可以最早感受火灾信号，并进行火灾预报警或火灾报警，从而可以把火灾扑灭在初起阶段，防患于未然。感烟探测器就是对悬浮在大气中的燃烧和/或热解产生的固体或液体微粒敏感的火灾探测器。它分为离子感烟式和光电感烟式等。

离子感烟探测器由放射源、内电离室、外电离室及电子电路等组成。内外电离室相串联，内电离室是不允许烟雾等燃烧物进入的，外电离室是允许烟雾燃烧物进入的。采用内外电离室串联的方法，是为了减小环境温度、湿度、气压等自然条件的变化对离子电流的影响，提高稳定性，防止误动作。

光电感烟式探测器有遮光式和散射光式两种。遮光式感烟探测器主要是由一个电光源（灯泡或发光二极管）和一个相对应的光敏元件。它们组装在一个烟雾可以进入而光线不能进入的特制暗箱内。电光源发出的光通过透镜聚成光束照到光敏元件上，光敏元件把接收到的光能转换成电信号，以使整个电路维持正常工作状态。当有烟雾进入，存在于光源与光敏元件之间时，到达光敏元件上的光能将显著减弱。这样光敏元件把光能强度减弱的变化转化为突变的电信号，突变信号经过电子放大电路适当地放大之后，就送出火灾报警信号。

散射式感烟探测器的结构特点是，多孔的暗箱必须能够阻止外部光线进入箱内，而烟雾粒子却可以自由进入。在这个特制的暗箱内，也有一个电光源和一个光敏元件，它们分别设置在箱内特定的位置上。在正常状态（没烟雾）时，光源发出的光不能到达光敏元件上，故无光敏电流产生，探测器无输出信号。当烟雾存在并进入暗箱后，光源发出的光经烟雾粒子反射及散射而到达光敏元件上，于是产生光敏电流，经电子放大电路放大后输出报警信号。

2. 感温式探测器

火灾初起阶段，一方面有大量烟雾产生，另一方面必然释放出热量，使周围环境的温度急剧上升。因此，用对热敏感的元件来探测火灾的发生也是一种有效的手段。特别是那些经常存在大量粉尘、烟雾、水蒸气的场所，无法使用感烟探测器，只有用感温探测器才比较合适。

感温探测器就是对温度和/或升温速率和/或温度变化响应的火灾探测器。主要有两类：

一类为定温式探测器，即随着环境温度的升高，探测器受热至某一特定温度时，热敏元件就感应产生出电信号。另一类是差温式探测器（差动式），即当环境温升速率超过某一特定值时，便感应产生出电信号。也有将两者结合起来的，称为差定温探测器。

定温式探测器按敏感元件的特点，可分为两种：一种为定点型，即敏感元件安装在特定位置上进行探测，如双金属型、热敏电阻型等；另一种为线型（又称分布型），即敏感元件呈线状分布，所监视的区域为一条线，如热敏电缆型。

机械定温式探测器在吸热罩中嵌有一小块低熔点合金或双金属片作为热敏元件，当温度达到规定值后，金属熔化使顶杆弹出而接通接点或双金属片受热变形推动接点闭合，发出报警信号。电子定温探测器是由基准电阻和热敏电阻串联组成感应元件，它们相当于感烟式探测器的内外电离室，当探测空间温度上升至规定值时，两电阻交接点电压变化超过报警阈值，发出报警信号。

差温式探测器按其工作原理，分为机械式和电子式两种。机械差温式探测器的工作原理是：金属外壳感温室内气体温度缓慢变化时，所引起的膨胀量从泄气孔慢慢地溢出，其中的波纹片无反应；当感温室内气体受温度的剧烈升高而迅速膨胀时，不能从泄气孔立即排出，感温室内的气体压力升高，从而推动波纹片使接点闭合发出报警信号。电子差温探测器是由热敏电阻和基准热敏电阻组成感应元件，后者的阻值随环境温度缓慢变化，当探测空间温度上升的速度超过某一定值时，两电阻交接点的电压超阈部分经处理后发出报警信号。

电子式差定温探测器在当前火灾监控系统中用得较普遍。它是由定温、差温两组感应元件组合而成。

3. 感光式探测器

感光探测器也称为光辐射探测器，能有效地检测火灾信息之光，以实现报警。其种类主要有红外感光探测器和紫外感光探测器。它们分别是利用红外线探测元件和紫外线探测元件，接收火焰自身发出的红外线辐射和紫外线辐射，产生电信号报告火警。

4. 可燃气体探测器

严格来讲，可燃气体探测器并不是火灾探测器，既不探测烟雾、温度，又不探测火光这些火灾信息。它是在消防（火灾）自动监控系统中帮助提高监测精确性和可靠性的一种探测器。在石油工业、化学工业等一些生产车间，以及油库、油轮等布满管道、接头和阀门的场所，一旦可燃气体外泄且达到一定浓度，遇明火立即会发生燃烧和爆炸。因而，在存在可燃气体泄漏而又可能导致燃烧和爆炸的场所，应增设可燃气体探测器。当可燃气体浓度达到危险值时，应给出报警信号，以提高系统监控的可靠性。

从监控系统应用考虑，用得较多的是半导体可燃气体探测器。它是由对某些可燃气体十分敏感的半导体气敏元件和相应的电子电路组成，具有较高的灵敏度。它主要用于探测氢、一氧化碳、甲烷、乙醚、乙醇、天然气等可燃气体。

（二）火灾报警控制器

火灾报警控制器是作为火灾自动报警系统的控制中心，能够接收并发出报警信号和故障信号，同时完成相应的显示和控制功能的设备。火灾报警控制器具有下述功能：①能接收探测信号，转换成声、光报警信号，指示着火部位和记录报警信息。②可通过火警发送装置启动火灾报警信号或通过自动消防灭火控制装置启动自动灭火设备和消防联动控制设备。③自动地监视系统的正确运行和对特定故障给出声光报警（自检）。

火灾报警控制器可分为区域报警控制器和集中报警控制器两种。区域报警控制器接收火灾探测区域的火灾探测器送来的火警信号，可以说是第一级监控报警装置，其主要组成基本单元有声、光报警单元，记忆单元，输出单元，检查单元及电源单元。这些单元都是由电子电路组成的基本电路。

集中报警控制器用作接收各区域报警控制器发送来的火灾报警信号，还可巡回检测与集中报警控制器相连的各区域报警控制器，有无火警信号、故障信号，并能显示出火灾的区域、部位及故障区域，并发出声、光报警信号。是设置在建筑物消防中心（或消防总控制室）内的总监控设备，它的功能比区域报警控制器更全。具有部位号指示、区域号指示、巡检、自检、火警音响、时钟、充电、故障报警及稳压电源等基本单元。

总线制火灾报警控制器，采用了计算机技术、传输数字技术和编码技术，大大提高了系统报警的可靠性，同时也减少了系统布线数量。它分为二总线制、三总线制和四总线制3种。

（三）联动控制器

联动控制器与火灾报警控制器配合，通过数据通信，接收并处理来自火灾报警控制器的报警点数据，然后对其配套执行器件发出控制信号，实现对各类消防设备的控制。

（1）联动控制器的基本功能：

①能为与其直接相连的部件供电。

②能直接或间接启动受其控制的设备。

③能直接或间接地接收来自火灾报警控制器或火灾触发器件的相关火灾报警信号，发出声、光报警信号。声报警信号能手动消除，光报警信号在联动控制器设备复位前应予以保持。

（2）在接收到火灾报警信号后，能完成下列功能：

①切断火灾发生区域的正常供电电源，接通消防电源。

②能启动消火栓灭火系统的消防泵，并显示状态。

③能启动自动喷水灭火系统的喷淋泵，并显示状态。

④能打开雨淋灭火系统的控制阀，启动雨淋泵并显示状态。

⑤能打开气体或化学灭火系统的容器阀，能在容器阀动作之前手动急停，并显示状态。

⑥能控制防火卷帘门的半降、全降，并显示其状态。

⑦能控制平开防火门，显示其所处的状态。

⑧能关闭空调送风系统的送风机、送风口，并显示状态。

⑨能打开防排烟系统的排烟机、正压送风机及排烟口、送风口、关闭排烟机、送风机，并显示状态。

⑩能控制常用电梯，使其自动降至首层。

⑪能使受其控制的火灾应急广播投入使用。

⑫能使受其控制的应急照明系统投入工作。

⑬能使受其控制的疏散、诱导指示设备投入工作。

⑭能使与其连接的警报装置进入工作状态。

对于以上各功能，应能以手动或自动两种方式进行操作。

（3）当联动控制器设备内部、外部发生下述故障时，应能在 100s 内发出与火灾报警信号有明显区别的声光故障信号。

①与火灾报警控制器或火灾触发器件之间的连接线断路（断路报火警除外）。

②与接口部件间的连线断路、短路。

③主电源欠压。

④给备用电源充电的充电器与备用电源之间的连接线断路、短路。

⑤在备用电源单独供电时，其电压不足以保证设备正常工作时。

对于以上各类故障，应能指示出类型，声故障信号应能手动消除（如消除后再来故障不能启动，应有消声指示），光故障信号在故障排除之前应能保持。故障期间，非故障回路的正常工作不受影响。

（4）联动控制器设备应能对本机及其面板上的所有指示灯、显示器进行功能检查。

（5）联动控制器设备处于手动操作状态时，如要进行操作，必须用密码或钥匙才能进入操作状态。

（6）具有隔离功能的联动控制器设备，应设有隔离状态指示，并能查寻和显示被隔离的部位。

（7）联动控制设备应具有电源转换功能。当主电源断电时，能自动转换到备用电源；当主电源恢复时，能自动转回到主电源。主、备电源应有工作状态指示。主电源容量应能保证联动控制器设备在最大负载条件下，连续工作 4h 以上。

（四）短路隔离器

短路隔离器是用于二总线火灾报警控制器的输入总线回路中，安置在每一个分支回路（20~30 只探测器）的前端，当回路中某处发生短路故障时，短路隔离器可让部分回路与总线隔离，保证总线回路其他部分能正常工作。

（五）底座与编码底座

底座是火灾报警系统中专门用来与离子感烟探测器、感温探测器配套使用的。在二总线制火灾报警系统中为了给探测器确定地址，通常由地址编码器完成，有的地址编码器设在探测器内，有的设在底座上，有地址编码器的底座称编码底座。通常一个编码底座配装一只探测器，设置一个地址编码。特殊情况下，一个编码底座上也可带 1~4 个并联子底座。

（六）输入模块

输入模块是二总线制火灾报警系统中开关量探测器或触点型装置与输入总线连接的专用器件。其主要作用和编码底座类似。与火灾报警控制器之间完成地址编码及状态信息的通信。根据不同的用途，输入模块根据不同的报警信号分为以下 4 种：①配接消火栓按钮、手动报警按钮、监视阀开/关状态的触点型装置的输入模块。②配缆式线型定温电缆的输入模块。③配水流指示器的输入模块。④配光束对射探测器的输入模块。

有的消火栓按钮、手动报警按钮自己带有地址编码器，可以直接挂在输入总线上，而不需要输入模块。输入模块需要报警控制器对它供电。

（七）输出模块

输出模块是总线制可编程联动控制器的执行器件，与输出总线相连。提供两对无源动合、动断转换触点和一对无源动合触点，来控制外控消防设备（如警铃、警笛、声光报警器、各类控制阀门、卷帘门、关闭室内空调、切断非消防电源、火灾事故广播喇叭切换等）的工作状态。外控消防设备（除警铃、警笛、声光报警器、火灾事故广播喇叭等以外）应提供一对无源动合触点，接至联动控制器的返回信号线，当外控消防设备动作后，动合触点闭合，设备状态通过信号返回端口送回控制主机，主机上状态指示灯点亮。

（八）外控电源

外控电源是联动控制器的配套产品，它是为被控消防设备（如警铃、警笛、声光报警器、各类电磁阀及 DC24V 中间继电器等）供电的专用电源。外控电源的使用可避免被控设备的动作对火灾报警控制系统主机工作的干扰，同时也减轻了主机电源不必要的额外负担。

（九）手动报警按钮

手动报警按钮是由现场人工确认火灾后，手动输入报警信号的装置。有的手动报警按钮内装配有手报输入模块，其作用是与火灾报警控制器之间完成地址及状态信（手报按钮开关的状态）编码与译码的二总线通信。另外，根据功能需要，有的手动报警按钮带有电话插孔（可与消防二线电话线配套使用）。消火栓按钮与手动报警按钮一样，由现场人工确认火灾后，手动输入报警信号的装置。消火栓按钮安装在消火栓箱内，通常和消火栓一起使用。按下消火栓按钮一则把火灾信号送到报警控制主机，同时可以直接启动消防泵。

（十）声光报警器

声光报警器一般安装在现场，火警时可发出声、光报警信号。其工作电压由外控电源提供，由联动控制器的配套执行器件（继电器盒、远程控制器或输出控制模块）中的控制继电器来控制。

（十一）警笛、警铃

警笛、警铃与声光报警器一样安装在现场，火警时可发出声报警信号（变调音）。同样由联动控制器输出控制信号驱动现场的配套执行器件完成对警笛、警铃的控制。

（十二）消防广播

消防广播又称火灾事故广播。其特点如下：

（1）通过现场编程，火灾时，消防广播能由联动控制器通过其执行件（继电器盒、远程控制器或控制模块）实施火层及其上、下层3层联动控制。

（2）消防广播扩音机与所连接的火灾事故广播扬声器之间，应满足阻抗匹配（定阻抗输出）、电压匹配（定压输出）和功率匹配。

（3）消防广播的输出功率应大于保护面积最大的、相邻 3 层扬声器的额定功率总和，一般以其 1.5 倍为宜。

（4）当火灾事故广播与广播音响系统合用广播扬声器时，发生火灾时由联动控制器通过其执行件实现强制切换到火灾事故广播状态。

（十三）消防电话

消防专用电话应为独立的消防通信网络系统。消防控制室应设置消防专用电话总机，总机选用共电式人工电话总机或调度电话总机。建筑物中关键及重要场所应设置电话分机，分机应为免拨号式的，摘下受话器即可呼叫通话的电话分机。

消防电话可为多线制或总线制系统。

（1）多线制电话一般与带电话插孔的手动报警按钮配套使用，使用时只需将手提式电话分机的插头插入电话插孔内即可向总机（消防控制室）通话。

（2）分机可向总机报警通话，总机也可呼叫分机通话。

（3）总线制电话，电话分机与电话总机的联络通过二总线实现，每个电话分机由地址模块辅以相应地址号。总机根据分机地址号与防护区的分机通信。

二、联动控制系统

当火灾报警控制器接收到火灾探测器发出的火警电信号后，发出声、光报警信号，并向联动控制器发出联动通信信号。联动控制器即对其配套执行器件发出控制信号，实现对消防设备的控制。其控制的对象主要是灭火系统和防火系统。

（一）室内消火栓系统

在建筑物各防火分区（或楼层）内均设置消火栓箱，内装有消火栓按钮，在其无源触点上连接输入模块，构成由输入模块设定地址的报警点，经输入总线进入火灾报警控制系统，达到自动启动消防泵的目的。

消火栓按钮与手动报警按钮不同，除了发出报警信号还有启动消防泵的功能。消火栓按钮安装在消火栓箱内，当打开消火栓箱门使用消火栓时，才能使用消火栓按钮报警。并自动启动消防泵以补充水源，供灭火时使用。

当发生火灾时，打开消火栓箱门，按下消火栓按钮报警，火灾报警控制器接收到此报警信号后，一方面发出声光报警指示，显示并记录报警地址和时间，另一方面将报警点数据传送给联动控制器经其内部逻辑关系判断，发出控制执行信号，使相应的配套器件中的控制继电器动作自动启动消防泵。

(二) 水喷淋灭火系统

自动喷水灭火系统类型较多，主要有湿式喷水灭火系统（水喷淋系统）、干式喷水灭火系统、预作用喷水灭火系统、雨淋灭火系统及水幕系统等。其中，水喷淋灭火系统是应用最广泛的自动喷水灭火系统。

水喷淋灭火系统由闭式感温喷头、管道系统、水流指示器、湿式报警阀、压力开关及喷淋水泵等组成，与火灾报警系统配合，构成自动水喷淋灭火系统。在水流指示器和压力开关上连接输入模块，即构成报警点（地址由输入模块设定），经输入总线进入火灾报警控制系统，从而达到自动启动喷淋泵的目的。湿式喷水灭火系统的特点是在报警阀前后管道内均充满一定压力的水。当发生火灾后，闭式感温喷头处达到额定温度值时，感温元件自动释放（易熔合金）或爆裂（玻璃泡），压力水从喷水头喷出，管内水的流动，使水流指示器动作而报警。由于自动喷水而引起湿式报警阀动作，总管内的水流向支管，当总管内水压下降到一定值时，使压力开关动作而报警。火灾报警控制器接收到水流指示器和压力开关的报警信号后，一方面发出声光报警提示值班人员，并记录报警地址和时间；另一方面将报警点数据传递给联动控制器，经其内部设定的逻辑控制关系判断，发出控制执行信号，使相应的配套器件中的控制继电器动作，控制启动喷淋泵，以保证压力水从喷头持续均匀地喷泻出来，达到灭火的目的。

(三) 排烟系统控制

高层建筑均设置机械排烟系统，当火灾发生时利用机械排烟风机抽吸着火层或着火区域内的烟气，并将其排至室外。当排烟量大于烟气生成量时，着火层或着火区域内就形成一定的负压，可有效地防止烟气向外蔓延扩散，故又称为负压机械排烟。

一般情况下，烟气在建筑物内的自由流动路线是着火房间→走廊→竖向梯、井等向上伸展。排烟方式有自然排烟法、密闭防烟法和机械排烟法。机械排烟分为局部排烟和集中排烟两种不同系统。局部排烟是在每个房间和需要排烟的走道内设置小型排烟风机，适用于不能设置竖向烟道的场所；集中排烟是把建筑物分为若干系统，每个系统设置一台大容量的排烟风机。系统内任何部位着火时所生成的烟气，通过排烟阀口进入排烟管道，由排烟风机排至室外。排烟风机、排烟阀口应与火灾报警控制系统联动。

当火灾发生时，着火层感烟火灾探测器发出火警信号，火灾报警控制器接收到此信号后，一方面发出声光报警信号，并显示及记录报警地址和时间；另一方面将报警点数据传递给联动控制器，经其内部控制逻辑关系判断后，发出联动信号，通过配套执行器件自动开启所在区域的排烟风机，同时自动开启着火层及其上、下层的排烟阀口。

同消防水泵的控制类似，对排烟风机同样应有启动、停止控制功能和反馈其工作状态（运行、停机）的功能。

（四）正压送风系统控制

正压送风防烟方式主要用在高层建筑中作为疏散通道的楼梯间及其前室和救援通道的消防电梯井及其前室。其工作机理是：对要求烟气不要侵入的地区采用加压送风的方式，以阻挡火灾烟气通过门洞或门缝流向加压的非着火区或无烟区，特别是疏散通道和救援通道，这将有利于建筑物内人员的安全疏散逃生和消防人员的灭火救援。正压送风机可设在建筑物的顶部或底部，或顶部和底部各设一台。正压送风口在楼梯间或消防电梯井通常每隔2~3层设一个，而在其前室各设置一个。正压送风口的结构形式分常开和常闭式两种。正压送风机应与火灾报警控制系统和常闭式正压送风口联动。

当火灾发生时，着火层感烟火灾探测器发出火警信号，火灾报警控制器接收到此信号后，一方面发出声光报警信号，并显示及记录报警地址和时间；另一方面将报警点数据传递给联动控制器，经其内部控制逻辑关系判断后，发出联动控制信号，通过配套执行件自动开启正压送风机，同时自动控制开启着火层及其上、下层的正压送风口。其中联动控制器对正压送风机的控制原理及接线方式与排烟风机类似。

（五）防火阀、排烟阀、正压送风口的控制

防火阀要与中央空调、新风机联动，排烟阀与排烟风机联动，正压送风口与正压送风机联动，而且均要求实现着火层及其上、下层联动。同一层内几种装置并存时，均要求同时动作（或相互间隔时间尽可能短）。一般来说，配备此类防火设备的系统均采用联动控制器及其输出模块进行控制，并应在消防控制室显示其状态信号（动作信号）。模块必须连接在阀口的无源动合触点上。

（六）中央空调机、新风机及其控制

高层建筑中通常设置有中央空调机或新风机，平时用以调节室温或提供新鲜空气，火灾发生时应及时关闭中央空调机或新风机。在空调、通风管道系统中，各楼层有关部位均设置有防火阀，平时均处于开启状态，不影响空调和通风系统的正常工作。当火灾发生时，为了防止火势沿管道蔓延，必须及时关闭防火阀。中央空调机或新风机应与火灾报警

控制系统和防火阀联动。

整个报警及联动控制过程与排烟风机、排烟阀口类似，联动控制器对中央空调机、新风机的控制原理及接线方式也与排烟风机类似。

（七）电梯及其迫降控制

高层建筑中均设置有普通电梯与消防电梯。在火灾发生时，均应安全地自动降到首层，并切断其自动控制系统。若消防队需要使用消防电梯时，可在电梯轿厢内使用专用的手动操盘来控制其运行。

电梯迫降的联动控制过程为，当火灾报警控制器接收到探测点的火警信号后，在发出声光报警指示及显示（记录）报警地址与时间的同时，将报警点数据送至联动控制器，经其内部控制逻辑关系判断后，发出联动执行信号，通过其配套执行件自动迫降电梯至首层，并返回显示迫降到底的信号。

三、火灾自动报警系统接线制式及线路敷设

火灾自动报警系统的接线分总线制和多线制。目前，广泛使用总线制。总线制系统采用地址编码技术，整个系统只用几根总线，和多线制相比用线量明显减少，给设计、施工及维护带来了极大的方便，因此被广泛采用。值得注意的是；一旦总线回路中出现短路问题，则整个回路失效，甚至损坏部分控制器和探测器，因此，为了保证系统正常运行和免受损失，必须采取短路隔离措施，如分段加装短路隔离器。

消防控制、通信和报警线路采用暗敷设时，宜采用金属管或经阻燃处理的硬塑料管保护，并应敷设在不燃烧体（主要指混凝土层）的结构层内，保护层厚度不宜小于30mm。当采用明敷设时，应采用金属管或金属线槽保护，并应对金属管或金属线槽采取防火保护措施。采用经阻燃处理的电缆时，可不穿金属管保护，但应敷设在电缆竖井或吊顶内有防火保护措施的封闭式线槽内。但不同系统、不同电压等级、不同电流类别的线路，不应穿在同一管内或线槽的同一槽孔内。导线在管内或线槽内，不应有接头或扭结。导线的接头，应在接线盒内焊接或用端子连接。

在吊顶内敷设各类管路和线槽时，宜采用单独的卡具吊装或支撑物固定。一般线槽的直线段应每隔1~1.5m设置吊点或支点，吊杆直径不应小于6mm。线槽接头处、线槽走向改变或转角处以及距接线盒0.2m处，也应设置吊点或支点。

从接线盒、线槽等处引到探测器底座盒、控制设备盒、扬声器箱的线路均应加金属软管保护。

火灾探测器的传输线路，应根据不同用途选择不同颜色的绝缘导线或电缆。正极"+"线应为红色，负极"−"线应为蓝色或黑色。同一工程中相同用途的导线颜色应一致，接线端子应有标号。

第二节 扩声和音响系统工程安装

随着电子技术、计算机技术的发展，智能建筑中的扩声、音响系统也逐渐向数字化、智能化方向发展，但组成系统的基本单元是不变的，系统的基本结构也是不变的。

一、扩声和音响系统的类型与特点

在民用建筑工程中，扩声音响系统大致有以下5类：

(一) 面向公众区

如广场、车站、码头、商场、教室等和停车场等的公共广播系统这种系统主要用于语言广播，因此清晰度是首要问题。而且这种系统往往平时进行背景音乐广播，在出现灾害或紧急情况时，又可切换成紧急广播。

(二) 面向宾馆客房的广播音响系统

这种系统包括客房音响广播和紧急广播，通常由设在客房中的床头柜放送。客房广播含有收音机的调幅（AM）和调频（FM）广播波段和宾馆自播的背景音乐等多个可供自由选择的波段，每个广播均由床头柜扬声器播放。在紧急广播时，客房广播即自动中断，只有紧急广播的内容强切传到床头柜扬声器，这时无论选择器在任何位置或关断位置，所有客人均能听到紧急广播。

(三) 以礼堂、剧场、体育场馆为代表的厅堂扩声系统

这是专业性较强的厅堂扩声系统，它不仅要考虑电声技术问题，还要涉及建筑声学问题，两者须统筹兼顾，不可偏废。这类厅堂往往有综合性多用途的要求，不仅可供会场语言扩声使用，还常作文艺演出等。对于大型现场演出的音响系统，功率少则几十千瓦，多的达数百千瓦，故要用大功率的扬声器系统和功率放大器，在系统的配置和器材选用方面有一定的要求，还应注意电力线路的负荷问题。

二、扩声音响系统的组成

前述不管哪一种扩声音响系统，它的基本组成可分为 4 个部分：节目源设备、信号的放大和处理设备、传输线路和扬声器系统。其主要过程是：将声信号转换为电信号，经放大、处理、传输，再转换为声信号还原于所服务的声场环境。主要设备包括传声器、音源设备、调音台、信号处理器、功率放大器及扬声器系统。

按音响设备构成方式，扩声音响系统基本上有两种：一种是以前置放大器（或 AV 放大器）为中心的广播音响系统；另一种是以调音台为中心的专业音响系统。

三、常用音响设备

音响设备基本上可分为 3 类：第一类是音源设备。音源是指声音的来源，主要有传声器、卡座、调谐器、CD 唱机及影碟机和录像机的音频输出。第二类是信号放大和处理设备，对音源信号进行放大、加工、处理和调整。包括前置放大器、功率放大器、调音台、频率均衡器、压缩限制器、延时器、混响器等。第三类是扬声器系统，是将功率放大器送来的电信号还原成声音信号的设备，是典型的电声转换设备。

（一）传声器

传声器俗称话筒，也称麦克风。它是一种将声音信号转换为相应电信号的电声换能器件。根据换能原理，目前用得最多的有动圈式传声器、电容式传声器、驻极体式及压电式传声器等。根据电信号传输方式，它可分为有线话筒和无线话筒。

（二）卡座

磁带录音机是利用磁带进行录音和放音的电声设备。它是一种常用的音源设备。在音响系统中常用一种称为录音座（又称卡座）的录音设备。其功能与磁带录音机一样，性能指标一般比普通录音机高，但不能独立工作，需配合其他音响设备共同工作，如与调谐器、调音台、功放和音响一起组成音响系统。

（三）AM/FM 调谐器

专为接收无线广播的调幅（AM）、调频（FM）信号的音响设备。它不能单独工作，需与其他音响设备共同工作，如与录音卡座、调音台、功放、音响一起组成音响系统。目前，数字调谐器已为广播音响系统广泛使用。

（四）激光唱机

激光唱机称 CD 唱机，是音响系统中的常用音源设备。CD 唱机是使用纤细激光束拾取唱片声音信号的小型数字音响系统。

（五）调音台

顾名思义，调音台就是能对声音进行调节的工具，是专业音响系统中最重要的设备之一，具有对声音进行放大、处理、混合、分配的四大基本功能，当然，高档调音台还能与计算机配合完成很多工作。

调音台的基本组成有信号输入部分、信号处理部分、信号分配、混合部分、控制系统、监听系统、信号显示系统、振荡器与对讲系统。

（六）前置放大器和功率放大器

前置放大器又称前级放大器。它的作用是将各种节目源（如调谐器、电唱盘、激光唱机、录音卡座或话筒）送来的信号进行电压放大和各种处理。它包括均衡和节目源选择电路、音调控制、响度控制、音量控制、平衡控制、滤波器及放大电路等，其输出信号送往后续功率放大器进行功率放大。

功率放大器又称后级放大器，简称功放。它的作用是将前置放大器输出的音频电压信号进行功率放大，以推动扬声器放声。功率放大器和前置放大器都是声频放大器（音频放大器），两者可以分开设置，也可以合并成一个机器，两者组合在一起时则称为综合放大器。

前置放大器对改善整个音响系统的性能，提高音质、音色，以高保真的指标对音频信号进行切换、放大、处理并传递到功放级，具有极为重要的作用。它的地位和重要性相当于调音台。也就是说，在设计和选用音响系统设备时，采用了前置放大器就不必再用调音台，反之，如果采用了调音台就不必再选用前置放大器。但从结构、性能以及功能来说，前置放大器要比调音台简单些。

（七）频率均衡器

频率均衡器是用来精确校正频率特性的音响设备，在现场演出、歌舞厅、厅堂扩声、音响节目制作等方面均有应用。它的主要作用是：

（1）校正音响设备产生的频率畸变，能补偿各种节目信号中欠缺的频率成分，又能抑制过重的频率成分。

（2）校正室内声学共振特性产生的频率畸变，弥补建筑声学的结构缺陷。

（3）抑制声反馈，改善厅堂扩声质量。

（4）修饰和美化音色，提高音质和音响效果。

（八）压缩器、限制器和扩展器

压缩器和限制器，简称压限器。它能够对声源信号进行自动控制，使其工作在正常的范围内，具有压缩和限制两个功能。扩展器和压缩器一样，也是一种增益随输入电平变化而变化的放大器。压限器、扩展器广泛用在专业音响系统中，通过压限器可以压缩信号动态范围，防止过饱和失真，并能有效保护功放和音箱；压限器、扩展器的配合使用可以降低噪声电平，提高信号传输通道的信噪比。

（九）延迟器和混响器

为了改善和美化音色并能产生各种特殊的音响效果。需要在扩声系统中加入人工混响器和延迟器。

在较大的礼堂中开会，除原声声源（演讲）外，还有不少音箱，经放大的原声声源通过音箱发声形成辅助声源，原声声源和辅助声源与听众的距离不同，后排听众就先听到后场距离近的音箱发声，再听到前场的音箱发声，最后才能听到原始声音，听众听到这几个声音有时间差，若时间差大于 50ms（两个声源距离大于 17m），会因这些不同时到达的声音而破坏清晰度，严重影响听音质量。如果在后场放大器放大之前加入延迟器，精确调整其延迟时间，使前排音箱和后场音箱发出的声音同时到达后排听众，消除声音到达的时间差，改善了扩声效果。

在家庭、教室和会议室等普通房间听音乐，其效果远比不上在音乐厅听音乐，其原因很多，涉及建筑声学、室内声学等。其基本原因是在音乐厅欣赏音乐，人们可以充分感受到队演奏的宽度感、展开感和音域的空间感、包围感，总称临场感觉。主要是人们在音乐厅听音乐时，除了能听到乐队演奏的直射声外，还附有丰富的近次反射声和混响声。而在普通房间听音乐，缺少的正是近次反射声和混响声。为了提高在普通房间听音乐的效果，可以利用延迟器来产生早期反射声的效果，再加上经混响器产生的混响声，然后输入调音台与输入的原始声混合。只要把它们三者之间的比例调整恰当，就可以使原来比较单调的原始声获得像在音乐厅那样的演出临场感效果。

（十）扬声器系统

扬声器系统通常由扬声器、分频器和音箱组成。扬声器将音频电能转换成相应的声能，是唯一电声转换的器件。但至今还没有哪一种扬声器能完美地重放整个音频频段的声音。往往要用几只扬声器分段实现对几赫兹到几十千赫兹信号的重放。这就要根据不同频率用分频器将整段音域分成几个不同的频段，如高、中、低音段。再分别用适合高、中、低音段重放的几个扬声器实现对高、中、低音段的重放。

音箱的功能之一就是提高扬声器电声转换效率。

四、扩声设备的安装

扩声设备的安装包括扬声器的布置方式、系统线路敷设和音控室内布局3个方面。

（一）扬声器的布置和安装

扬声器的布置方式有分散布置、集中布置和混合布置3种，应根据建筑功能、体形、空间高度及观众席设置等因素来确定。

（1）扬声器或扬声器组宜采用集中布置方式的情况：

①当设有舞台并要求视听效果一致时。

②当受建筑体形限制不宜分散布置时。

（2）扬声器或扬声器组宜采用分散式布置方式的情况：

①当建筑物内的大厅净高较高，纵向距离长或者大厅被分隔成几部分使用时，不宜集中布置的。

②厅内混响时间长，不宜集中布置的。

（3）扬声器或扬声器组宜采用混合方式布置的情况：

①对眺台过深或设楼座的剧院，宜在被遮挡的部分布置辅助扬声器系统。

②对大型或纵向距离较长的大厅，除集中设置扬声器系统外，宜分散布置辅助扬声器系统。

③对各方向均有观众的视听大厅，混合布置应控制声程差和限制声级，必要时应采取延时措施，避免双重声。

（4）扬声器的安装。一般纸盆扬声器装于室内应带有助声木箱。安装高度一般在办公室内距地面2.5m左右或距顶棚200mm左右；宾馆客房、大厅内安装在顶棚上，吸顶或嵌入；车间内视具体情况而定，一般距地面为3~5m；室外安装高度一般为4~5m。安装位置应考虑音响声音，纸盆扬声器在墙壁内暗装时，预留孔位置应准确，大小适中。助声箱随扬声器一起安装在预留孔中，应与墙面平齐。挂式扬声器采用塑料胀钉和木螺钉直接固定在墙壁上，应平正、牢固。在建筑物吊顶上安装，应将助声箱固定在龙骨上。

声柱的布局和安装指向对音响效果影响较大，布置不当时，可能存在声影区或产生啸叫。一般采用集中式布置，如布置在厅堂的镜框式台口附近以使听众视听保持一致。声柱安装时应与装饰施工密切配合，选择最有利的安装位置，可安装在镜框式台口的正中上方或台口两侧与眉幕上端相齐处。采用分散式布置方法是将小声柱或扬声器安装在厅堂两侧，其角度向同一方向稍为倾斜向下，安装高度可在3m左右。

声柱只能竖直安装，不能横放安装。安装时，应先根据声柱安装方向、倾斜度制作支架，依据施工图纸预埋固定支架，再将声柱用螺栓固定在支架上，应保证固定牢固、角度方位正确。

（二）线路敷设

扩声系统的馈电线路包括音频信号输入、功率输出传送和电源供电三大部分。为防止与其他系统之间的干扰，首先应选择好导线。

1. 音频信号输入

话筒输出必须使用专用屏蔽软线与调音台连接，如果线路较长（10~50m），应使用双芯屏蔽软线作低阻抗平衡输入连接。中间设有话筒转接插座的，必须接触特性良好。

长距离连接的话筒线（超过50m）必须采用低阻抗（200U）平衡传送的连接方法。最好采用有色标的4芯屏蔽线，对角线对并接穿钢管敷设。

调音台及全部周边设备之间的连接均需采用单芯（不平衡）或双芯（平衡）屏蔽软线连接。

2. 功率输出的馈电

功率输出的馈电系指功放输出至扬声器箱之间的连接电缆。

厅堂、舞厅和其他室内扩声系统均采用低阻抗输出。一般采用截面为 $2\sim6mm^2$ 的软发烧线穿管敷设。发烧线的截面积决定于传输功率的大小和扬声器的阻尼特性要求。

宾馆客房多套节目的广播线应以每套节目敷设一对馈线，而不能共用一根公共地线，以免节目信号间的干扰。

室外扩声、体育场扩声、大楼背景音乐和宾馆客房广播等由于场地大，扬声器箱的馈电线路长，为减少线路损耗通常不采用低阻抗连接，而使用高阻抗定电压传输（70V或

100V）音频功率。从功放输出端至最远端扬声器负载的线路损耗一般应小于 0.5dB。馈线宜采用穿管的双芯聚氯乙烯绝缘多股软线。

3. 电源供电

扩声系统的供电电源与其他用电设备相比，用电量不大，但最怕被干扰。为尽量避免灯光、空调、水泵、电梯等用电设备的干扰，建议使用变压比为 1∶1 的隔离变压器，此变压器的次级任何一端都不与初级的地线相联。总用电量小于 10kVA 时可使用 220V 单相电源供电。用电量超过 10kVA 时，功率放大器应使用三相电源，然后在三相电源中再分成 3 路 220V 供电，在 3 路用电分配上应尽量保持三相平衡。如果电压变化过大，可使用自动稳压器。

五、公共广播系统

公共广播系统广泛用于工矿企业、车站、机场、码头、商场、学校、宾馆、大楼、旅游景点等。它的特点是服务区域大、传输距离远，信息内容以语言为主兼用音乐，话筒与扬声器不在同一房间，故没有声反馈问题。为减少传输线功率损耗，一般多采用 70V 或 100V 的定电压传输，或用调频方式进行多路广播传输。按其用途一般可分为：第一，业务性宣传广播。第二，服务性广播，满足以欣赏性音乐、背景音乐或服务性管理和插播公共寻呼。第三，火灾事故广播和突发性事故的紧急广播。

当今公共广播系统都把前述 3 项用途集于一身，既能播放背景音乐，又能做业务宣传和寻呼广播，还能作为火灾事故的应急广播。这是一种通用性极强的广播系统，它虽然也属于扩声音响系统，但具有不同于其他扩声音响系统的功能和技术要求。

（一）公共广播系统的功能及技术要求

1. 播放背景音乐和插播寻呼广播

背景音乐的作用是掩盖公共场所的环境噪声，创造一种轻松愉快的气氛。背景音乐都是单声道播放的，通常在不同区域需播放不同的节目内容。例如，宾馆中的西餐厅需放送外国音乐，中餐厅需播放中国民俗音乐等，这些优雅的乐曲在优美环境烘托下使人舒心陶醉。在客房中，则需要多套节目让不同爱好的宾客自由选择。因此，背景音乐的节目一般应设有 5 套节目可同时放送。背景音乐服务区的平均声压级要求不高，为 60~70dB，但声场要求均匀。

由于各服务区内的环境噪声不同，因此要求背景音乐的声压级也应不同，为此在各服务区应设有各自的音量控制器，可供方便调节。

背景音乐中插播寻呼广播时，应设有"叮咚"或"钟声"等提示音，以提醒公众注意。

2. 紧急广播

过去紧急广播系统与火灾报警系统结合在一起作为一个独立系统，但后来发现由于紧急广播系统长期不用使其可靠性大成问题，往往平时试验时没有问题，但在正式使用时便成了哑巴。因此，现在都把该系统与背景音乐集成在一起，组成通用性极强的公共广播系统。这样既可省投资，又可使系统始终处于完好运行状态。

紧急广播系统必须具备以下功能：

（1）优先广播权功能

发生火灾时，消防广播信号具有最高级的优先广播权，即利用消防广播信号可自动中断背景音乐和寻呼找人广播。

（2）选区广播功能

当大楼发生火灾报警时，为防止混乱，只向火灾区及其相邻的区域广播，指挥撤离和组织救火事宜，一般是向 n±1 层选区广播。这个选区广播功能应有自动选区和人工选区两种，确保可靠执行指令。

（3）强制切换功能

播放背景音乐时各扬声器负载的输入状态通常各不相同，有的处于小音量状态，有的处于关断状态，但在紧急广播时，各扬声器的输入状态都将转为最大全音量状态，即通过遥控指令进行音量强制切换。

（4）消防值班室必须备有紧急广播分控台

此分控台应能遥控公共广播系统的开机、关机，分控台话筒具有优先广播权，分控台具有强切权和选区广播权等。

（二）公共广播系统扬声器配接

公共广播系统多采用定电压传输，各扬声器负载都采用并联连接。其配接原则是：扬声器输入电压（扩音机或输送变压器的输出电压）不得高于扬声器的额定工作电压。扬声器的额定工作电压可以根据扬声器的标称阻抗和标称功率算出。

第三节 安全防范系统工程施工

现代建筑中安全防范系统一般包括入侵报警系统、视频安防监控系统、出入口控制（门禁）系统、巡更管理系统、停车场管理系统和访客对讲系统。

一、入侵报警系统

入侵报警系统是利用传感器技术和电子信息技术探测并指示非法进入或试图非法进入设防区域的行为、处理报警信息、发出报警信息的电子系统或网络。一般由探测器、传输系统和报警控制器组成。

（一）探测器

探测器是用来探测入侵者移动或其他动作的电子和机械部件所组成的装置。通常由传感器和信号处理器组成。

传感器是一种物理量的转化装置，通常把压力、振动、声响和光强等物理量，转换成易于处理的电量（电压、电流和电阻等）。

信号处理器是把传感器转换成的电量进行放大、滤波和整形处理，使它成为一种合适的信号，能在系统的传输通道中顺利地传送，通常把这种信号称为探测电信号。

探测器按其所探测物理量的不同，可分为：微波探测器、红外探测器、激光探测器、开关式探测器、振动探测器、声探测器等。

1. 微波探测器

微波探测器是利用微波能量的辐射及探测技术构成的探测器，按工作原理又可分为微波移动探测器和微波阻挡探测器两种。

微波移动探测器是利用频率为 $300 \sim 300000 MHz$（通常为 $10000 MHz$）的电磁波对运行目标产生的多普勒效应构成的微波报警装置。所谓多普勒效应是指在辐射源（微波探头）与探测目标有相对运动时，接收的回波信号频率会发生变化的现象。

微波阻挡探测器由微波发射机、微波接收机和信号处理器组成，使用时将发射天线和接收天线相对放置在监控场地的两端，发射天线发射微波束直接送达接收天线。当没有运动物体遮断微波波束时，微波能量被接收天线接收，发出正常工作信号；当有运动目标阻挡微波束时，接收天线接收到的微波能量减弱或消失，此时就产生报警信号。

2. 超声波探测器

工作方式与微波探测器类似，只是使用的不是微波而是超声波。

3. 红外线探测器

红外线探测器是利用红外线的辐射和接收技术构成的报警装置。根据其工作原理可分为主动式和被动式两种类型。

主动式红外探测器是由收、发装置两部分组成。发射装置向装在几米甚至几百米远的接收装置发射一束红外线，当被遮断时，接收装置即发出报警信号，因此，它也是阻挡式探测器。

发射装置通常由多谐振荡器、波形变换电路、红外光管和光学透镜组成。振荡器产生脉冲信号，经波形变换及放大后控制红外发光管产生红外脉冲光线，通过聚焦透镜将红外光变为较细的红外光束，射向接收器。接收装置由光学透镜、红外光电管、放大整形电路、功率驱动器及执行机构等组成。光电管将接收到的红外光信号转变为电信号，经整形放大后推动执行机构启动报警设备。

被动式红外探测器不向空间辐射能量，而是依靠接收人体发生的红外辐射来进行报警。

4. 双技术防盗探测器（双鉴探测器）

各种探测器都有其优点，但也各有其不足。例如，超声波、红外、微波3种单技术探测器因环境干扰及其他因素会出现误报警的情况。为了减少探测器的误报，人们提出互补双技术方法，即把两种不同探测原理的探测器结合起来，组成所谓双技术的组合探测器，又称双鉴探测器。

5. 开关入侵探测器

开关入侵探测器是由开关传感器与相关的电路组成的，如用微动开关组成的探测器安装在门柜和窗框上，门、窗关闭，微动开关在压力作用下，开关接通；门、窗打开，微动开关失去压力作用，开关断开。开关与报警电路接在一起，从而发出报警信号。

6. 振动入侵探测器

当入侵者进入设防区域，引起地面、门窗的振动，或入侵者撞击门、窗和保险柜，引起振动，发出报警信号的探测器称振动入侵探测器。它分为压电式振动探测器和电动式振动探测器两种。

7. 声控探测器

声控探测器是用声传感器把声响信号变换成电信号，经前置音频放大，送到报警控制器，经功放、处理后发出报警信号。也可将报警控制器输出的报警信号经放大推动喇叭和录音机，以便监听和录音。

（二）传输通道

探测器电信号的传输通道通常分为有线和无线。有线是指探测器电信号通过双绞线、电话线、电缆或光缆向控制器或控制中心传输。无线则是对探测电信号先调制到专用的无线电频道由发送天线发出，控制器或控制中心的无线接收机将无线电波接收下来后，解调还原出报警信号。

（三）控制器

报警控制器由信号处理器和报警装置组成。报警信号处理器是对信号中传来的探测电信号进行处理，判断出电信号中"有"或"无"情况，并输出相应的判断信号。若探测电信号中含有入侵者入侵信号时，则信号处理器发出报警信号，报警装置发出声或光报警，引起防范工作人员的警觉，反之，若探测电信号中无入侵者的入侵信号，则信号处理器送出"无情况"的信号，报警器不发出声光报警信号。智能型的控制器还能判断系统出现的故障，及时报告故障性质及位置等。

（四）控制中心（报警中心）

通常为了实现区域性的防范，即把几个需要防范的小区，联网到一个警戒中心，一旦出现危险情况，可以集中力量打击犯罪分子。控制中心通常设在市、区公安保卫部门。

二、视频安防监控系统

闭路电视监控系统是采用摄像机对被控现场进行实时监视的系统，是安全技术防范系统中的一个重要组成部分，尤其是近年来计算机、多媒体技术的发展使得这种防范技术更加先进。

（一）视频监控系统的组成

闭路电视监控系统根据其使用环境、使用部门和系统的功能而具有不同的组成方式，无论系统规模的大小和功能的多少，一般监控系统由摄像、传输、控制、图像处理与显示4个部分组成。

1. 摄像部分

摄像部分的作用是把系统所监视的目标，即把被摄物体的光、声信号变成电信号，然后送入系统的传输分配部分进行传送。摄像部分的核心是电视摄像机，它是光电信号转换的主体设备，是整个系统的眼睛，为系统提供信号源。

2. 传输部分

传输部分的作用是将摄像机输出的视频（有时包括音频）信号馈送到中心机房或其他监视点。控制中心的控制信号同样通过传输部分送到现场，以控制现场的云台和摄像机工作。

传输分配部分的组成主要有：

（1）馈线

传输馈线有同轴电缆（以及多芯电缆）、平衡式电缆、光缆。

（2）视频电缆补偿器

在长距离传输中，对长距离传输造成的视频信号损耗进行补偿放大，以保证信号的长距离传输而不影响图像质量。

（3）视频放大器

视频放大器用于系统的干线上，当传输距离较远时，对视频信号进行放大，以补偿传输过程中的信号衰减。具有双向传输功能的系统，必须采用双向放大器，这种双向放大器可以同时对下行和上行信号给予补偿放大。

3. 控制部分

控制部分的作用是在中心机房通过有关设备对系统的现场设备（摄像机、云台、灯光、防护罩等）进行远距离遥控。

控制部分的主要设备有集中控制器和微机控制器。

4. 图像处理与显示部分

图像处理是指对系统传的图像信号进行切换、记录、重放、加工及复制等功能。显示部分则是使用监视器进行图像重放，有时还采用投影电视来显示其图像信号。图像处理和显示部分的主要设备有视频切换器、监视器和录像机。

视频切换器能对多路视频信号进行自动或手动切换，输出相应的视频信号，使一个监视器能监视多台摄像机信号。

监视器的作用是把送来的摄像机信号重现成图像。在系统中，一般需配备录像机，尤其在大型的监控系统中，录像系统还应具备如下功能：在进行监视的同时，可以根据需要定时记录监视目标的图像或数据，以便存档；根据对视频信号的分析或在其他指令控制下，能自动启动录像机，如果设有伴音系统时，应能同时启动。系统应设有时标装置，以便在录像带上打上相应时标，将事故情况或预先选定的情况准确无误地录制下来，以备分析处理。

随着计算机技术的发展，图像处理、控制和记录多由计算机完成，计算机的硬盘代替了录像机，完成对图像的记录。

（二）视频监控系统的监控形式

视频监控系统的监控形式一般有以下4种方式：①摄像机加监视器和录像机的简单系统。这是最简单的组成方式。一台摄像机和一台监视器组成的方式用在一处连续监视一个固定目标。这种最简单的组成方式也可增加一些功能，如摄像镜头焦距的长短、光圈的大小。远近聚焦都可以调整，还可以遥控电动云台的左右上下运动和接通摄像机的电源。摄像机加上专用外罩就可以在特殊的环境条件下工作。这些功能的调节都是靠控制器完成的。②摄像机加多画面处理器监视录像系统。如果摄像机不是一台，而是多台，选择控制的功能不是单一的，而是复杂多样的，通常选用摄像机加多画面处理器监视录像系统。③摄像机加视频矩阵主机监视录像系统。④摄像机加硬盘录像监视录像系统。

（三）视频监控系统的现场设备

在系统中，摄像机处于系统的最前端，它将被摄物体的光图像转变为电信号视频信号，为系统提供信号源。因此，它是系统中最重要的设备之一。

1. 摄像机

（1）摄像机分类

摄像机种类很多，从不同的角度可分为多种类型。按颜色划分有彩色摄像机和黑白摄像机两种。按摄像器件的类型划分有电真空摄像器件（摄像管）和固体摄像器件（如CCD器件、MO器件）两大类。

（2）摄像机的性能指标

主要是指它的清晰度、灵敏度和信噪比。摄像机的供电电源通常是：交流供电220V；直流供电12V或24V。

（3）摄像机镜头

按其功能和操作方法有常用镜头和特殊镜头两大类。常用镜头又分为定焦距（固定）镜头和变焦距镜头；特殊镜头又分为广角镜头和针孔镜头。

2. 云台

云台分手动云台和电动云台两种。手动云台又称为支架或半固定支架。手动云台一般由螺栓固定在支撑物上，摄像机方向的调节有一定的范围，调整方向时可松开方向调节螺栓进行。电动云台内装两个电动机：一个负责水平方向的转动，另一个负责垂直方向的转动。云台与摄像机配合使用可扩大监视范围、提高摄像机的效率。

3. 防护罩

摄像机作为电子设备，其使用范围受使用环境条件的限制。为了能使摄像机在各种条件下使用，就要使用防护罩。防护罩按其功能和使用环境可分室内型防护罩和室外型防护罩。室内型防护罩的主要功能是保护摄像机，能防尘、通风，有防盗、防破坏功能。室外防护罩的主要功能有防尘、防晒、防雨、防冻、防结露和防雪，能通风。室外防护罩一般配有温度继电器，在温度高时自动打开风扇冷却，低时自动加热。

4. 解码器

解码器的主要功能是对摄像机的电动云台和变焦镜头进行控制，即电动云台上、下、左、右的旋转；变焦镜头光圈大小、聚焦远近、变倍长短的控制。有时还能对摄像机电源的通/断进行控制。

（四）控制中心控制设备与监视设备

1. 视频信号分配器

将一路视频信号（或附加音频）分成多路信号，供给多台监视器或其他终端设备使用。有时还兼有电压放大功能。

2. 视频切换器

为了使一台监视器能监视多台摄像机信号，就需要使用视频切换器。它除了具有扩大监视范围，节省监视器的作用外，有时还可用来产生特技效果，如图像混合、分割画面、特技图案、叠加字幕等处理。

3. 视频矩阵主机

视频矩阵主机是视频监控系统中的核心设备，对系统内各设备的控制均是从这里发出和控制的。其主要功能是：视频分配放大、视频切换、时间地址符号发生、专用电源等。有的视频矩阵主机采用多媒体计算机作为主体控制设备。

有的视频矩阵主机还带有报警输入接口，可以接收报警探测器发出的报警信号，并通过报警输出接口去控制相关设备可同时处理多路控制指令，供多个使用者同时使用系统。

4. 多画面处理器

在多个摄像机的视频监控系统中，为了节省监视器和图像记录设备往往采用多画面处理设备，使多路图像同时显示在一台监视器上，并用一台图像记录设备（如录像机、硬盘录像机）进行记录。多画面处理器可分为单工、双工和全双工3种类型。全双工多画面处理器是常用的画面处理器。

5. 长时间录像机

长时间录像机，也称长延时录像机，还称为时滞录像机。这种录像机的主要功能和特点是可以用一盘180min的普通录像带，录制长达12h、24h、48h，甚至更长时间的图像内容。

6. 硬盘录像机

硬盘录像机用计算机取代了原来模拟式的视频监控系统的视频矩阵主机、画面处理器、长时间录像机等多种设备。

硬盘录像机把模拟的图像转化成数字信号，故也称数字录像机。它以MPEG图像压缩技术实时地储存于计算机硬盘中，存储容量大，安全可靠，检索图像快速。每个硬盘容量可达80GB，可以通过扩展增加硬盘，增大系统存储容量，可以连续录像几十天以上。

硬盘录像机还可通过串行通信接口连接现场解码器，对云台、摄像机镜头及防护罩进行远距离控制。

7. 监 视 器

监视器是视频监控系统的终端显示设备，它用来重现被摄体的图像，最直观反映了系统质量的优劣，因此监视器也是系统的主要设备。

监视器按图像回放分，有黑白监视器和彩色监视器；专用监视器与收/监两用监视器(接收机)；有显像管式监视器和投影式监视器等。从性能和质量级别上分有广播级监视器、专业级监视器、普通级监视器（收监两用机）。

（五）视频监控系统信号的传输

视频监控系统中信号传输的方式通常由信号传输距离、控制信号的数量等因素确定。当监控现场与控制中心较近时采用视频图像、控制信号直接传输的方式。视频图像直接传输选用特性阻抗为75U同轴电缆以不平衡的方式进行传输，系统简单、失真小、噪声低，是视频监控系统首选方式。当传输距离达到几百米时，宜增加电缆均衡器或电缆均衡放大器。

控制信号的直接传输常用多芯控制电缆对云台、摄像机进行多线制控制，也有通过双绞线采用编码方式进行控制。

当监控现场与控制中心较远时，视频图像、控制信号采用射频、微波或光纤传输方式，随着计算机技术和网络技术的发展，越来越多地采用计算机局域网实现闭路电视监控信号的远程传输。

射频传输是将摄像机输出的图像信号经调制器调制到射频段，以射频方式传输。射频传输常用在同时传输多路图像信号而布线相对容易的场所。

微波传输是将摄像机输出的图像信号和对摄像机、云台的控制信号调制到微波段，以无线发射的方式进行传输。微波传输常用在布线困难、传输距离更远的场所。

光纤传输是将摄像机输出的图像信号和对摄像机、云台的控制信号转换成光信号通过光纤进行传输，光纤传输的高质量、大容量、强抗干扰性是其他传输方式不可比拟的。

采用计算机局域网传输的方式是将图像信号和控制信号作为一个数据包，在局域网内的任何一台普通 PC 机通过分控软件就能调看任何一台摄像机输出的图像并对其进行控制。

三、出入口控制系统（门禁系统）

出入口控制系统是对重要出入口进行监视和控制的系统，也称门禁系统。它是一种典型的集散型控制系统。系统网络由两部分组成，即监视、控制的现场网络，信息管理、交换的上层网络。智能卡门禁系统由管理中心设备（管理主机含控制软件、协议转换器、主控模块等）和前端设备（含门禁读卡模块、进/出门读卡器、电控锁、门磁及出门按钮）两大部分组成。

系统根据门禁工作站设定的门禁管理模式和相关软件，通过现场设备，进行管理。读卡器直接连在现场控制模块上，用来读取卡信息。当持卡人刷卡后，读卡器就会向现场控制器（门禁读卡模块）传送该智能卡数据，由现场控制器（门禁读卡模块）进行身份比较、识别，如果该卡有效，现场控制器通过输出接口输出门锁打开信号，开启出入口通道。同时在门禁系统工作站上记录和显示持卡人的资料，如持卡人的姓名、区域、刷卡时间等。此时，该持卡人即可进入该区域。反之，该卡无效，门禁系统工作站同样会记录读卡信息并会根据设定发出其他动作如报警，提醒保安人员注意。系统采取总线控制方式，现场控制模块之间通常采用 RS485 通信，与系统工作站之间采用 RS485/RS232 转换器，现场数据传送到多媒体计算机中。

（一）主控模块

主控模块是系统中央处理单元，连接各功能装置和控制装置，具有集中监视、管理、系统生成及诊断等功能。通过协议转换连接多媒体电脑。与之相连接的声光报警器能及时提醒管理人员系统出现的不正常情况。报文打印机可根据需要随时打印系统运行状况，记录报警发生时间、地点。

（二）读卡模块

门禁读卡模块是安装在现场的一个直接数字控制器。其数字输入接口连接现场读卡器，数字输出接口连接现场被控设备，如电控锁或消防、电视监控等联动设备。每个读卡模块可连接多台感应读卡器，控制多个门的开/关。一个感应读卡器占一个数字输入接口。如门禁管理系统只要求进门读卡时，一个门配置一个数字输入（DI）接口，如门禁管理系统要求进/出门读卡时，则一个门配置两个数字输入（DI）接口，同时配置1个继电器输出（D0）接口连接电控锁，一个输入（DI）接口供门磁开关，用以检测门的开/关状态。如需要也可配置几个输出接口供与其他系统联动用。门禁读卡模块通过总线与其他门禁读卡模块相连。

（三）门禁读卡器

在智能卡门禁系统里为一个读卡器，通过刷卡控制开门，也可以是一个数字键盘，输入密码控制开门，或同时通过刷卡和输入密码控制开门。如果系统设置进/出门读卡的话，则在室内和室外都需要安装读卡器。进门读卡的系统只在室外安装读卡器，室内安装出门按钮，要出门时按一下出门按钮，控制电控锁打开门。应根据不同类型、不同材质的门，选择不同类型的锁具。

（四）门磁开关

门磁开关在系统中用来检测门的开/关状态。门磁开关与门禁读卡模块相连，其状态通过总线传到中央控制器。

（五）专用电源

专用电源负责对门禁读卡模块、门禁读卡器、功能扩展模块及电控锁等提供电源。

四、楼宇对讲系统

楼宇对讲系统现已成为智能住宅小区最基本的安全防范措施，一般可分为可视与非可视两种。可视对讲系统住户能看到来访者的图像。

小区楼宇对讲系统由对讲管理主机、大门口主机、门口主机、用户分机和电控门锁等相关设备组成。对讲管理主机设置在住宅小区物业管理中心（或小区安防控制中心），大门口主机设置在小区的入口处，门口主机设置安装在各住宅楼入口的墙上或门上。用户分机则安装在住户家中。

系统根据不同的需求有不同的配置，如可视、非可视、可视与非可视混合、单户型、单元型和连网型等。

单户型一般用于单独用户，如单体别墅。

单元型一般用在多层或高层住宅。门口主机安装在住宅单元门口，用户机安装在住户家中。可实现可视对讲或非可视对讲、遥控开锁功能。单元型可视或非可视对讲系统主机分直按式和拨号式两种。直按式的门口机上直接有住户的房间号，直接按房间号即可接通住户。直按式容量较小，适用于多层住宅，特点是一按就通，操作简便。

数字拨号式的主机上有0~9，10个数字键和相关的功能键。来访者通过数字、功能键实现与住户的联系。拨号式容量很大，能接几百个住户终端。这两种系统均采用总线布线方式，安装、调试简单。

连网型的楼宇对讲系统是将大门口主机、门口主机、用户分机以及小区的管理主机组网，实现集中管理。住户可以主动呼叫辖区内任一住户。小区的管理主机、大门口主机也能呼叫辖区内任一住户。来访者在小区的大门口就能通过大门口主机呼叫住户，未经住户允许，来访者不能进入小区。有的连网型用户分机除具备可视对讲或非可视对讲、遥控开锁等基本功能外，还接有各种安防探测器、求助按钮等，能将各种安防信息及时送到管理中心。

五、停车场管理系统

随着社会经济的高速发展和人们生活水平的不断提高，汽车数量直线上升，随之而来的是停车问题及车辆的管理问题。停车场管理系统就是对车辆实行有序的管理，避免车辆乱停、乱放，避免车辆被盗、被破坏等。一般停车场管理系统将机械技术、电子计算机技术、自动控制技术和智能卡技术有机地结合起来，通过电脑，实现对车辆进出记录管理并能自动储存，以备核查。图像对比识别技术有效地防止车辆被换、被盗，车位管理有效地提高了停车场的利用率，收费系统能自动核算收费，有效地解决了管理中费用流失或乱收费现象的出现。

（一）系统组成

停车场管理系统的功能组成和停车场的规模、性质有关。因此，每个停车场的管理系统的功能、设备等都有些区别。根据实际需要，功能和设备都可以增减。

（二）入口主要设备

入口主要设备有车辆检测器、读卡器、自动挡车道闸、彩色摄像机及电子显示屏等。

1. 车辆检测器

车辆检测器用来检测进入小区的车辆，常有两种形式：

（1）地感线圈

地感线圈埋在入口车道的地底下，地感线圈通电后，在线圈周围产生一电磁场，当有车辆进入入口车道，地感线圈周围电磁场产生变化，变化的磁场经放大、判断后成为车辆进入的识别信号。车辆检测器在车辆道闸两旁安装。

（2）光电车辆检测器

光电车辆检测器安装在入口车道两旁，光电车辆检测器由发射、接收两部分组成，没有车辆时接收机接收发射机发射的红外光，当有车辆进入时，车辆阻断红外光线，接收机发出车辆进入的识别信号。同样光电车辆检测器也需在车辆道闸两旁安装两组。

入口车辆检测器检测到车辆进入信号后，能自动触发临时卡发卡器，准备给临时用户发卡。

2. 非接触式读卡器

读卡器对驾驶人员送入的卡片进行解读，入口控制器根据卡片上的信息，判断卡片是否有效。读卡器一般为非接触式读卡器，驾驶员可以离开读卡器一定距离刷卡，方便使用。

如卡片有效，入口控制器将车辆进入的时间（年、月、日、时、分）、卡的类别、编号及允许停车位置等信息储存在入口控制器的存储器内，通过通信接口送到管理中心。此时自动挡车道闸升起、车辆放行。车辆驶过入口道闸后的感应线圈，道闸放下，阻止下一辆车进库。如果卡片无效，则禁止车辆驶入，并发出警告信号。

读卡器有防潜回功能，防止一张卡驶入多辆车辆。

发卡器给临时外来车辆发放临时卡。外来车辆通过临时卡进入停车场。入口控制器记录车辆进入时间、车型，作为车辆出场时收费的依据。

3. 自动挡车道闸

自动挡车道闸受入口控制器控制，入口控制器确认卡片有效，自动挡车道闸升起。车辆驶过，道闸放下。自动挡车道闸有自动卸荷装置，方便手动操作；自动挡车道闸具有闸具平衡机构，运行轻快、平稳；自动挡车道闸具有防砸车控制系统，能有效地防止因意外原因造成道闸砸车事故；自动挡车道闸受到意外冲击，会自动升起、以免损坏道闸机和道闸。

4. 彩色摄像机

车辆进入停车场时，自动启动摄像机，摄像机记录下车辆外形、车牌号等信息，存储在电脑里，供识别用。停车场选用具有宽动态范围、多倍分段式微调帧累积功能的摄像机。照度不够时能自动启动照明灯光。

5. 电子显示屏

电子显示屏实时信息滚动显示，如显示车位利用情况、车位租用费用等。电子显示屏采用 LED 发光管显示，确保亮度。电子显示屏微机控制，编程简单、可靠。电子显示屏采用模块化结构，维修，更换方便，且不影响系统的运行。

(三) 出口主要设备

出口主要设备大部分和入口相同，车辆离开车位时，车位探测器将车辆移动信息传送到图像识别系统，图像识别摄像机记录下出场车辆的外形、色彩与车牌信号，并送入电脑，与车辆在入口时的信息比较。

出场车辆驶到出口时，车辆检测器检测外出车辆，读卡器接收读卡控制，对于使用固定卡、储值卡用户，读卡器识读卡片，并核对出场车辆的图像信号，经图像识别无误，识读有效，升起自动道闸，允许车辆驶出停车场，否则道闸关闭。读卡器具有防潜回功能，可防止持卡的用户在车辆不入场的情况下多次开车出场。读卡器识读到临时卡时，经图像识别后，出口控制器输出停车信息，在电子显示屏上显示停车时间、收费费率、停车管理费用等信息。车主交清费用后，启动道闸开车出场。出口控制器将收费信息、车位减少信息回送到控制中心电脑，记忆保存以备后查。并将新的车位信息送到进口的电子显示屏上，供进入车辆观察使用。

（四）管理中心

管理中心主要由功能强大的 PC 机和打印机等外围设备组成。管理中心通过总线与现场设备连接，交换管理数据。管理中心对停车场运行数据统计、分档、保存；对停车收费账目进行管理；统计、打印每班、每天、每月的收费报表。管理中心的 CRT 具有很强的图形显示功能，能实时显示停车库平面图、泊车位的实时占用、出入口开/闭状态及通道上车辆运行等情况，便于停车场的综合管理与调度。图像识别进一步提高了系统的安全性。

管理中心软件及功能：①友好的中文操作界面，菜单显示每个操作步骤，并有详细的提示。②强大的数据处理功能，可以对发卡系统发行的各种卡进行综合管理，如 IC 卡发行、IC 卡充值、IC 卡延期、IC 卡挂失等查询和打印报表。③可实时监控停车场运行情况，完成对停车场的统一管理，如进出口的管理，车位统计、显示管理，图像识别系统管理等。④完善的财务统计功能，费率设置、变更方便（按时间、时段、工作日、节假日），自动完成计费、收费功能，自动完成各类报表（班报表、日报表、月报表、年度报表）制作。⑤严格的分级（权限）管理制度，使各级操作者责、权分明。⑥模块式的程序设计，方便系统功能的增减。系统软件升级简单易行，提高了系统的适应性。⑦管理计算机具有外部接口，网络扩展性强，可以实现实时通信，并可连通其他管理系统。系统的自维护功能，使故障的查找与排除更为便捷。

六、安全防范系统设备安装

（一）摄像机及镜头的安装

摄像机在安全防范系统中应用最广泛。摄像机的下部有一个安装固定的螺孔，在标准的支、吊架及各种云台、防护罩内均设置有固定摄像机的螺钉。

摄像机的安装必须在土建、装修工程结束后，各专业设备安装基本完毕，在已有一个安全整洁的环境的条件下，方可安装摄像机。其安装要点如下：

（1）准备安装的摄像机必须经接电检测和粗调，处于正常工作状态后，方可安装。

（2）从摄像机引出的电缆宜留有 1m 的余量，不得影响摄像机的转动。摄像机的电缆和电源线均应固定，并不得用插头承受电缆的自重。

（3）摄像机安装位置应符合设计要求，一般宜安装在监视目标附近不易受到外界损伤的地方，且不应影响附近现场工作人员的正常活动。安装高度，室内离地不宜低于 2.5m，以 2.5~5m 为宜；室外离地不宜低于 3.5m，以 3.5~10m 为宜。电梯轿厢内的摄像机应安装在门上方的左或右侧，并能有效监视电梯厢内乘员面部特征。

（4）摄像机镜头要避免强光直射，并避免逆光安装；若必须逆光安装时，应选择将监视区的光对比度控制在最低限度范围内。因为电视再现图像其对比度所能显示的范围仅为（30~40）：1，当摄像机在其视野内明暗反差较大时，就会出现想看的暗部却看不清。此时，对摄像机的设置及其方向、照明条件应充分考虑并加以改善。

（5）电视监控工程中，如何在最佳的摄像机安装位置上取得最佳的摄像景物效果？其答案就是选择合适的镜头。

（6）摄像机及其配套装置，如镜头、防护罩、支架、雨刷等，安装应牢固，运转应灵活，应注意防破坏，并与周边环境相协调。

（7）在强电磁干扰环境下，摄像机安装应与地绝缘隔离。

（8）信号线和电源线应分别引入，外露部分用软管保护，并不影响云台的转动。

（二）云台、解码器安装

云台是一种安装在摄像机支撑物上的工作台，用于摄像机与支撑物之间的连接，必须安装牢固，且保证转动时无晃动。云台具有上下左右旋转运动的功能，使固定其上的摄像机能完成定点监视或扫描全景观察功能；同时提供有预置位，以控制旋转扫描范围。

手动云台又称为支架或半固定支架。摄像机调节方向时松开方向调节螺栓进行调节，一般水平方向可调 15°~30°，垂直方向可调±45°，调好后旋紧螺栓，摄像机的方向就固定下来了。

电动云台是在控制电压的作用下，做水平和垂直转动，水平旋转角不小于 0°~270°，有的产品可达 360°；垂直旋转角一般为±45°，不同产品的俯仰角不等。

云台一般安装在标准吊、支架上或自制的台架上。悬挂式手动云台主要安装在天花板上，但须固定在天花板上面的承重主龙骨上或平台上。横壁式手动云台安装在垂直的柱、墙面上。半固定式手动云台则安装于平台或凸台上。电动云台重是手动云台重的几倍，其支持支、吊架要安装牢固可靠，并应考虑电动云台的转动惯性，在其旋转时不应发生抖动现象。云台安装时应按摄像监视范围来决定云台的旋转方位，其旋转死角应处在支、吊架和引线电缆的一侧。并应保证云台的转动角度范围能满足系统设计要求。电动云台在安装前应在安装现场根据产品技术指标做单机试验，确认各项技术性能符合设计要求后，方可进行安装。

解码器应安装在云台附近或吊顶内（但须留有检修孔）。

（三）防护罩

为了保证摄像机工作的可行性，延长其使用寿命，必须给摄像机配装具有多种特殊性保护措施的外罩，称为防护罩。

摄像机在特殊环境下工作所用的防护罩有水下、防尘、防电磁及防高温、防低温等多种类型，但安装方法大同小异，都可以用螺栓将防护罩直接安装在云台上或支、吊架上。

（四）监控台、柜安装

为了观察和监视方便，经常把监视器、视频切换器、控制器等设计在一个或几个监控台、柜上，安装在集中监视控制室进行各种监视工作。监控台、柜的安装，应在各视频电缆、控制电缆敷设完毕，电源线引入室内，接地线已敷设完毕，室内地面施工结束，粉刷和装饰工程完毕后进行。

监控台、柜一般可不与地面连接固定，放置在地面上即可。但操作台应保持水平，立面应保持垂直，安装应平稳牢固、便于操作维护。若监控台、柜重量较轻，为避免移位，也可以加膨胀螺栓固定。

监控台应放置在便于监视的位置，监视器不要面向窗户，以免阳光射入，影响图像质量。当不可避免时，应采取避光措施。监控台、柜背面距墙应保持 0.8m 以上间距，以便于检修；正面与墙的净距不应小于 1.2m，侧面与墙或其他设备的净距，主要走道不小于 1.5m，次要走道不小于 0.8m。

监控台、柜安装就位后，可以按照设备装配图，将监视器、控制器和视频切换器装入监控台、柜的相应位置，并应用螺钉固定。安装时应注意调整各设备位置，以保证各按钮、开关均能灵活方便操作。最后根据监控台、柜配线图进行配接线。配接线应准确、整齐、连接可靠。引入电源线并对台、柜体进行可靠接地。控制室内所有线缆应根据设备安装位置设置电缆槽和进线孔，排列、捆扎整齐，编号，并有永久性标志。

（五）探测器的安装

各类探测器的安装位置应根据产品特性、警戒范围要求和环境影响等来确定，探测器底座和支架固定牢固。导线连接应牢固可靠，外接部不得外露，并留有适当余地。不同类型的探测器各有其特点。

1. 微波移动探测器的安装

（1）微波对非金属物质的穿透性可能造成误报警，因此，微波探测器应严禁对着被保护房间的外墙、外窗安装。同时，在安装时应调整好微波报警传感器的控制范围及其指向。通常是将报警传感器悬挂在距地面 1.5~2m 高处，探头稍向下俯视，使其指向地面，并把探测覆盖区限定在所要保护的区域之内。要注意，无论探测器装在什么地方，均应尽可能地覆盖出入口。

（2）微波探测器探头不应对着大型金属物体或具有金属镀层的物体（如金属档案柜），否则这些物体可能会将微波辐射能反射到外墙或外窗的人行道上或马路上，当有行人或车辆经过时，经它们反射回的微波信号又可能通过这些金属物体再次反射给探头，而引起误报。

（3）同一室内需要安装两台以上微波探测器时，它们之间的微波发射频率应有所差异（一般相差 25MHz 以上），且不要相对放置，以防交叉干扰，产生误报警。

（4）微波探测器的探头不应对准可能会活动的物体，如门帘、窗帘、电风扇、排气扇或门窗等可能会振动的部位，以避免产生误报。

2. 微波阻挡探测器的安装

通常情况下，微波阻挡探测器使用 L 型托架安装在墙上或桩柱上，收、发机之间应有清晰的视线；为保证工作的可靠性，应开拓一个供微波墙占用的无任何障碍物和干扰源的带状区域，特别要避免中间有较大的金属物体。

3. 红外探测器安装

被动式红外探测器根据警戒视场探测模式，可直接安装在墙上、天花板上或墙角，其布置安装原则如下：

（1）安装位置应使探测器具有最大的警戒范围，使可能的入侵者都能处于红外警戒的光束范围之内。

（2）要使入侵者的活动有利于横向穿越光束带区，这样可提高探测灵敏度。

（3）探测器可以安装在墙面或墙角，安装高度多为 2~2.5m，但要注意探测器的窗口（透镜）与警戒的相对角度，防止"死角"。

4. 超声波探测器安装

安装超声波探测器时，要注意使发射角对准入侵者最有可能进入的场所。要求安装超声波报警器的房间应有较好的密封性和隔音性能，控制区内不应有大容量的空气流动，门窗应关闭。收、发机不应靠近空调器、排风扇、风机、暖气等。

由于超声波是以空气作为传输介质的，因此，空气的温度和相对湿度会影响超声波探测灵敏度。

5. 紧急按钮安装

紧急按钮的安装应隐蔽，便于操作。安装方法与开关、插座安装类似。

（六）防盗报警控制器的安装

报警控制器是接收探测电信号后，经判断有无险情的神经中枢。因此，控制器一般是设置在保安值班室或相应的安全保卫部门。24h均有人值班。控制器的操作、显示面板应避开阳光直射，房内无高温、高湿、尘土、腐蚀气体，不受振动、冲击等影响。

控制器可安装在墙上或落地安装。安装在墙上时，其底边距地不应小于1.5m；落地安装时，其底边宜高出地面100~200mm。安装应牢靠，不得倾斜。当安装在轻质隔墙上时，应采取加固措施。控制器的接地应牢固，接地电阻符合要求，且有明显标志。

控制器的主电源引入线应直接与电源连接，严禁使用电源插头。引入控制器的电缆或电线应做到：

（1）配线整齐、固定牢靠、避免交叉。

（2）所有导线的端部均应标明编号，且字迹清晰、不易褪色、与图纸一致。

（3）与端子板连接，每个接线端不得超过2根线。

（4）导线应绑扎成束，电缆芯线与导线应留有不小于200mm的余量。

（七）访客对讲设备的安装

可视对讲系统的主机（门口机）可安装在单元防护门上或墙体主机预埋盒内，对讲主机操作面板的安装高度距地面1.5m为宜，操作面板应面向访客，便于操作。电源箱通常安装在防盗铁门内侧墙壁，距离电控锁不宜太远（10m以内）。电源箱正常工作时不可倒放或侧放，否则容易损坏蓄电池。

调整可视对讲主机内置摄像机的方位和视角于最佳位置，对不具备逆光补偿的摄像机，宜做环境亮度处理。

可视对讲系统室内分机及各楼层接线盒安装更为简单。室内分机可安装在室内任何位置，但一般多装在用户门口附近墙上，安装应牢固，安装高度离地1.4~1.6m。这样既方便开门，又简化了分机的布线。

联网型（可视）对讲系统的管理机宜安装在监控中心内，或小区出入口的值班室内，安装应牢固、稳定。

（八）出入口控制（门禁系统）系统设备安装

（1）各类识读装置的安装高度离地不宜高于1.5m，安装应牢固。

（2）感应式读卡机在安装时应注意可感应范围，不得靠近高频、强磁场。

（3）锁具安装应符合产品技术要求，安装应牢固，启闭应灵活。

（九）停车库（场）管理设备安装

1. 读卡机（IC 卡机、磁卡机、出票读卡机、验卡票机）与挡车器安装

（1）安装应平整、牢固，与水平面垂直，不得倾斜。

（2）读卡机与挡车器的中心间距应符合设计要求或产品使用要求。

（3）宜安装在室内；当安装在室外时，应考虑防水及防撞措施。

2. 感应线圈安装

（1）感应线圈埋设位置与埋设深度应符合设计要求或产品使用要求。

（2）感应线圈至机箱处的线缆应采用金属管保护，并固定牢固。

3. 信号指示器安装

（1）车位状况信号指示器应安装在车道出入口的明显位置。

（2）车位状况信号指示器宜安装在室内；安装在室外时，应考虑防水措施。

（3）车位引导显示器应安装在车道中央上方，便于识别与引导。

第五章 智能建筑中电气控制应用技术

第一节 智能建筑概述

一、智能建筑的定义

智能建筑是结合现代建筑与高新信息技术而成的产物，它是将结构、系统、服务、管理进行优化组合，获得建成效率高、功能全与舒适性好的建筑，能提供给人们一个高效兼具经济效益的工作场所。20 世纪 90 年代，我国的智能建筑才刚起步，但其发展的势头异常迅猛，前景十分乐观。

智能建筑是指利用系统集成方法，将智能型计算机技术、通信技术、控制技术、多媒体技术和现代建筑艺术有机结合，通过对设备的自动监控，对信息资源的管理，对使用者的信息服务及其建筑环境的优化组合，所获得的投资合理、适合信息技术需要且具有安全、高效、舒适、便利和灵活特点的现代化建筑物。

建筑之所以发展智能化，其目的在于应用现代 4C 技术（Computer、Control、Communication、CRT）组建智能建筑结构与系统。在融合现代化的服务和管理方式的前提下，力求提供给人们一个安全兼具舒适的生活、学习和工作的环境与空间。

二、智能建筑的基本结构

建筑智能化工程（弱电系统工程）主要是指通信自动化（CA）、办公自动化（OA）、建筑物自动化（BA），通常被人们称为智能建筑 3A。起初的智能建筑是结合电话、计算机数据、电视会议等系统，近年来则逐渐地囊括了空调、建筑、照明设备的监控、防灾、安全防护等数字 CA 与 OA 系统。其向着综合化、宽带化、数字化和个人化发展，使智能建筑兼具以宽带、高速、大容量和多媒体为特征的信息传达能力。现在，主流说法为智能建筑5A：通信自动化（CA）、建筑物自动化（BA）、办公自动化（OA）、消防自动化（FA）与保安自动化（SA）。

智能建筑系统集成是指以建立建筑主体内的建筑智能化管理系统为目的，利用技术综合布线、楼宇自控、通信、网络互联、多媒体应用、安全防范等，完成相关设备、软件的集成设计、安装调试、界面定制开发及应用支持等工作。智能建筑系统通过集成手段并得以实施的子系统有综合布线系统、楼宇自控系统、电话交换机系统、机房工程系统、监控系统、防盗报警系统、公共广播系统、门禁系统、楼宇对讲系统、一卡通系统、停车管理系统、消防系统、多媒体显示系统、远程会议系统等。智能小区系统集成是指功能近似、统一管理的多幢住宅楼的智能建筑系统集成。

智能建筑要求的建筑环境要满足安全性、高效性、舒适性、便利性，这使建筑物需要具备一定的建筑环境且设置智能化系统。智能建筑的建筑环境，不仅要契合21世纪绿色环保的时代主题，还应该满足智能化建筑特殊功能的要求，这样才能符合智能建筑化目前的动态发展趋势。

智能化系统需要依据具体的建筑需求设置。安全性方面，需要有火灾自动报警及消防联动控制系统，还要包含防盗报警系统、闭路电视监控系统、出入口控制系统、应急照明系统等实现各自功能的子系统在内的安全防范系统。舒适性方面，需要有建筑设备监控系统来满足对温度、湿度、照明和卫生等环境方面指标的控制，力求节能、高效并且延长设备的使用寿命。高效性方面，需要有通信网络及办公自动化系统，通过创造出一个获取、加工信息较为迅速的良好办公环境，提高工作的效率。

三、智能建筑系统的组成

按照3A说法，智能建筑系统为通信自动化系统（CAS）、办公自动化系统（OAS）、建筑物自动化系统（BAS）。

（一）建筑物自动化系统

建筑物自动化系统集中了监视、控制和管理建筑物或建筑群内的电力、照明、空调、给水排水、防灾、保安、车库管理等设备或系统以构成综合系统。

以下几个方面是建筑物自动化系统功能的主要体现。

1. 以最优控制为中心的过程控制自动化

建筑物自动化系统为使所有设备处于最佳工作条件，应能够自动监控建筑中各机电设备的启动与停止状态，并检测它们的运行参数；超限报警装置可实现温度、湿度的自动调节。

2. 以可靠、经济为中心的能源管理自动化

在保证建筑物内环境舒适情况下，提供可靠、经济的最佳能源供应方案。对电力、供热、供水等能源的调节与管理实现自动化，从而达到节能的目的。

3. 以安全状态监视与灾害控制为中心的防灾自动化

为提高建筑物、建筑物内人员与设备的整体安全水平以及防灾能力，提供可保护建筑物内部人员的生命和财产安全的保安系统。

4. 以运行状态监视和计算为中心的设备管理自动化

提供设备实时运行情况的相关资料及报表，以便于分析，及时对发生的故障进行处理。依据设备累积运行的时间提出设备保养的报告，以期增加设备使用寿命。

（二）通信自动化系统

通信自动化系统可确保建筑内、外各通信渠道通畅，提供网络支持，以便完成语音、数据、文本、图像、电视和控制信号的收信、传输、控制、处理与利用工作。该系统以结构化综合布线系统为基础，以程控用户交换机为核心，以多功能电话、传真等各类终端为主要设备，是建筑物内一体化的公共通信系统。上述设备是应用新的信息技术来组成智能建筑信息通信功能的"中枢神经"。它既确保建筑物内的语音、数据、图像等传输工作通过专用的通信线路及卫星通信系统连接到建筑物以外的通信网（包括公用电话网、数据网及其他计算机网），又连接了智能建筑中的三大系统构成有机整体，从而成为核心。

智能建筑中的 CAS 系统主要包括的子系统有语音通信、数据通信、图文通信、卫星通信以及数据微波通信系统等。

目前适用于智能建筑实现信息传输功能的网络技术主要有以下三种。

1. 程控用户交换机（PABX）

以在建筑内安装的 PABX 为中心组成一星形网，该网可以连接模拟电话机，也可以连接计算机、终端、传感器等数字设备及数字电话机，并且能便捷地连接公用电话网、公用数据网等广域网（WAN）。

2. 计算机局域网（LAN）

在建筑物内安装可达到数字设备间通信的 LAN，既能连接数字电话机，又可通过 LAN上的网关连接各种广域网及公用网。

3. 综合业务数字网（ISDN）

具有高度数字化、智能化和综合化能力的综合业务数字网，联合电话、电报、传真、数据及广播电视等网络、数字程控交换机及数字传输系统，通过数字方式来实现统一，再将其综合到一个数字网中进行传输、交换和处理等过程，最终实现信息收信、存储、传送、处理及控制的一体化。电话、高速传真、智能用户电报、可视图文、电子邮件、电视会议、电子数据交换、数据通信、移动通信等多种电信服务，用一个网络就能提供给用户使用。用户通过一个标准插口即可完成接入各种终端、传送各种信息的目的，重要的是只需占用一个号码。用户能在一条用户线上同时实现打电话、发送传真、进行数据检索等多项任务。这使综合业务数字网成为信息通信系统发展的趋势。

（三）办公自动化系统

办公自动化系统以行为科学、管理科学、社会学、系统工程学、人机工程学为理论基础，与计算机技术、通信技术、自动化技术等结合，用各种设备取代由人完成的部分办公业务，以此构成由设备与办公人员共同服务于某种目标的人机信息处理系统。通俗地说，就是借助先进的办公设备取代人工在办公室中的操作，包括处理办公业务、管理各类信息、辅助领导决策等。OAS 系统的目的是充分地利用信息资源，实现办公效率最大化、提高办公质量、产生高价值信息。

OAS 系统可按其功能分为三种模式：事务型、管理型和辅助决策型。

1. 事务型

事务型办公自动化系统的组成单元为计算机软硬件设备、基本办公设备、简单通信设备和处理事务的数据库。其主要作用是处理每日的办公操作，如文字、电子文档、办公日程的管理、个人数据库等内容，直接面向工作人员。

2. 管理型

管理型办公自动化系统是以事务型办公自动化系统为基础，建立紧密结合事务型办公系统构成的一体化办公信息处理系统而成的综合数据库。事务型办公自动化系统支持管理型办公自动化系统，主要目的是管理控制活动。除事务型办公自动化系统的全部功能外，主要增加了信息管理的功能，使其可综合管理大量的各类信息，共享数据信息及设备资源，实现日常工作的优化，进而提高办公的效率与质量。

3. 辅助决策型

辅助决策型办公自动化系统以事务型和管理型为基础，是具有补充决策和辅助决策功能的办公自动化系统。它不仅有数据库、模型库和方法库的支持，还为需作出决策的课题构建或选择决策的模型，通过有关内、外部条件，结合计算机执行决策程序的方式提供决策者必要的支持。

四、智能建筑的特点

智能控制与传统的或常规的控制并非相互排斥，反而关系密切。智能控制常包含常规控制，它会利用常规控制的方法去解决一些"低级"的控制问题，这样能够在扩充常规控制方法的同时建立起一系列新的理论和方法，以便解决更为复杂的控制问题。

（1）传统的自动控制的对象有着确定的模型基础，但智能控制对象的模型具有严重不确定性，如工业过程的病态结构问题、现实存在的某些干扰不能预测，导致建模出现困难甚至不能建模。这些问题在基于模型的传统自动控制中难以得到解决。

（2）传统的自动控制系统存在其输入或输出设备与人及外界环境的信息不能方便交换的问题，因此人们对能接收印刷体、图形甚至手写体和口头命令等形式的信息输入装置的制造十分迫切。只有这样，才能在和系统进行信息交流时更加深入且灵活。与此同时，输出装置的能力要扩大到可以通过文字、图样、立体形象、语言等形式来完成信息的输出。一般的自动装置具有许多缺点，如无法接收、分析以及感知各种可见或可听的形象、声音的组合和外界其他的情况。给自动装置（即文字、声音、物体识别装置）安上能够以机械方式模拟各种感觉的精确的送音器，可以扩大信息通道。令人振奋的是，近几年间计算机及多媒体技术得以快速发展，因此智能控制的发展拥有了物质上的准备，促使智能控制变为多方位"立体"的控制系统。

（3）传统的自动控制系统要完成的控制任务是使输出量为定值（调节系统）或使输出量跟随期望的运动轨迹（跟随系统），具有单一性的特点。但是，智能控制系统要完成的控制任务一般较为复杂，如在智能机器人系统中，对系统的要求是对一个复杂的任务拥有自动规划并进行决策的能力，可以自动躲避障碍物并运动到某一预期目标位置等。采用智能控制的方式即可满足此类任务要求较为复杂的系统。

（4）传统的控制理论在线性问题方面的理论较为成熟，但在面对高度非线性的控制对象时，仅可利用一些非线性方法，且控制效果不太理想。智能控制在解决这类复杂的非线性问题时有较好的方法，为解决这类问题开辟了有效的途径。此外，工业过程智能控制系统还有其他一些特点，如被控对象是动态的，且在控制系统在线运动时要求有较高的实时响应速度等。这些特点使其能够区别于智能机器人系统、航空航天控制系统、交通运输控制系统等智能控制系统，展现了其控制方法和形式的独特所在。

（5）相较于传统的自动控制系统，智能控制系统在人的控制策略、被控对象及环境的有关知识和运用这些知识方面能力较为全面。

（6）相较于传统的自动控制系统，智能控制系统采用多模态控制方式，可以用知识来表示非数学广义模型，并用数学来表示混合控制过程，使用开闭环来实现控制和定性及定量控制结合。

（7）相较于传统的自动控制系统，智能控制系统具有独特的变结构，可实现总体自寻优，具有多种能力，如自适应、自组织、S学习和自协调。

（8）相较于传统的自动控制系统，智能控制系统可以实现补偿和自修复能力及判断决策能力。

总而言之，智能控制系统是借助智能机来自动地完成目标的控制过程。智能机在完成拟人任务时，既可在熟悉的环境，又可在不熟悉的环境采用自动的或人机交互的方式。

第二节　计算机控制技术

至今为止，自动化技术具有较长的历史。它起始于蒸汽机时代。随着科技的进步、信息的发展、人们对建筑物使用要求的提高，其自动化要求也逐渐提高。1980年，人们通过对计算机的使用，能够完成一些传统技术不能解决的任务与性能指标，实现建筑物智能化。

一、计算机控制基本原理

我们要明确自动控制的概念，它是无人控制，通过控制器进行预设，使机器按照设定好的程序运行。如果想要完成这些任务，就必须明确控制系统的控制算法以及重要机构。根据测量元件、执行机构的不同组合和不同信息的处理方式，可以把自动控制系统分为两种模式，即开环控制系统和闭环控制系统。闭环控制系统也被称为反馈控制系统。对于建筑自动化，由于开环系统控制精度和性能方面均不如闭环控制系统，所以不经常使用。闭环系统的原理可以概括为以下内容：测量元件测量被控对象，得到的信息反馈给控制器；控制器将反馈得到的信号与定值进行比较；一旦出现偏差，控制器就驱动执行机构开始工作，直到达到预设标准。

把计算机引入控制系统，充分利用它的运算、逻辑及记忆功能，运用计算机指令系统，编出符合某种控制规律的程序。这样的程序通过计算机执行，那么被控参数的调节就得以实现。计算机控制系统是通过把微型计算机嵌入自动控制系统，以实现控制功能的。我们知道计算机只能识别数字信号，所以在控制系统中必须要有模-数（A-D）转换器和数-模（D-A）转换器。

计算机控制系统的控制过程步骤如下。

第一，数据采集。被控对象被检测之后，将信号输入给计算机。

第二，决策。对得到的参数进行分析，按照预设规律进行之后的控制。

第三，控制。通过决策内容，将控制信号发给执行机构，任务完成。

不断重复以上过程，通过预设规律使系统工作，并且对不同参数以及设备进行监督把控，一旦遇到突发情况，要马上处理。

如果我们要控制连续的量，就要控制系统必须能够实现实时控制，即针对某一时间输入的信号可以迅速反应。如果延时或者没有反应，那么这个控制系统就是失败的。

所以，为了达成任务，计算机控制系统应包括硬件和软件两部分。

（一）硬件部分

硬件部分主要有主机、外围设备、过程输入/输出设备、人机联系设备和信息传输通道等。

1. 主机

它是控制系统的核心所在，包括两个部分，即中央处理器（CPU）和内存储器（RAM、ROM）。通过输入的信息进行反应产生相对应的信息，再根据控制算法对信息进行处理加工，选出合适的控制策略，然后通过输出设备，向现场发送控制命令。

2. 外围设备

外围设备主要分为三个部分：输入设备、输出设备和外存储器。输入设备输入程序、数据或操作命令；输出设备一般包括打印机、绘图机、显示器等，其反应控制信息的方式一般采用字符、曲线、表格、画面等形式。外存储器包括磁盘、光盘等，功能是输入、输出。

3. 过程输入/输出设备

过程输入/输出设备使计算机可以与设备之间进行信息传递。输入设备主要有两个通道组成，即模拟量输入通道（AI通道）和开关量输入通道（DI通道）。AI通道把信号转换成数字信号后输入，而DI通道没有转换的步骤，直接输入开关量信号或数字量信号。输出设备由两个通道组成，即模拟量输出通道（AO通道）和开关量输出通道（DO通道）。AO 通道把数字信号转换为模拟信号后输出，而 DO 通道没有转换的步骤，直接输出开关量信号或数字量信号。为了完成上述步骤，必须要有自动化仪表。仪表包括检测仪表和执行器等。

4. 人机联系设备

如果操作员想要跟计算机有联系，那么必须要有人机联系设备，从而进行信息交换。设备一般包括键盘、显示器、专用的操作显示面板。其作用有三个方面：对现场设备状态进行显示；给操作人员提供操作平台；对操作后的结果进行显示。所以，我们把这些设备叫作人机接口。

5. 信息传输通道

其主要用于地理位置不同、功能不同的计算机和设备之间的信息交换。

（二）软件部分

软件主要有两类：一是系统软件，二是应用软件。系统软件有很多，如操作系统、汇编语言、高级算法语言、过程控制语言、数据库、通信软件和诊断程序等。应用软件包括输入程序、过程控制程序、过程输出程序、人机接口程序、打印程序和公共服务程序等以及一些支撑软件，如控制系统组态、画面生成、报表曲线生成和测试等。

计算机控制系统具备以下独特的优点。

第一，由于速度快、精度高，其可以达到常规控制系统达不到的要求。

第二，由于较好的记忆和判断功能，所以其综合素质极好。对于环境和过程参数变化可以综合各种情况，得到最好的解决方式，这是普通传统的控制系统达不到的。

第三，对于常规系统无法完成的生产过程，如对象之间大时滞、对象之间各参数相互关联密切等，计算机控制系统往往会得到很好的结果。

对于现阶段来说，通过使用计算机自动控制技术建造建筑自动化系统，能够使建筑环境得到保证。

二、计算机控制系统的典型形式

计算机控制系统的构成是否复杂取决于其所控制的生产过程。由于对象不同，选取的参数不同，控制系统也有所不同。根据系统组成不同，我们可以把系统分成数据采集、操作指导控制系统、直接数字控制系统、监督控制系统、集散控制系统、现场总线控制系统。

（一）数据采集和操作指导控制系统

该系统包含计算机信息采集系统（DAS）和操作控制系统（DPS）。生产过程不是由计算机进行直接控制的。一般来说，系统中计算机对过程参数进行巡回检测、数据记录、数据计算、数据收集及整理，经加工处理后进行显示、打印或报警。根据不同的操作步骤，实现调控生产过程。

这是一种开环系统，它的优点主要表现在结构较为简单、安全可靠。其缺点主要是由于人工操作，速度得不到保证，所以对控制对象的数量有要求。生产过程虽然不直接由计算机控制，但是计算机的作用不能磨灭。计算机系统可以把模拟信号变为数字信号传输到计算机中，在这个过程中，能够避免大量仪表的投入与使用，同时可以监视生产过程。算术运算和逻辑运算功能可以加工处理、总结归纳数据，对最后的生产具有指导意义。其拥有巨大存储空间，所以一些历史资料都能够被保存。另外，把各种极限值存入计算机中，在处理数据过程中可以超限报警，以保证生产过程的安全性。

（二）直接数字控制系统

直接数字控制系统（DDC）是目前国内外应用较为广泛的计算机控制系统。DDC系统属于计算机闭环控制系统。计算机先通过模拟量输入通道（AI）和开关量输入通道（DI）实时采集数据，然后按照一定的控制规律进行计算，最后发出控制信息，并通过模拟量输出通道（AO）和开关量输出通道（DO）直接控制生产过程。由于没有操作人员的直接参与，因而这种系统的实时性好、可靠性和适应性较强，在自控系统中得到了普遍应用。

DDC系统不但能完全取代模拟调节器，实现几十个甚至上百个回路的PID（比例、积分、微分）调节，而且不需要改变硬件，只通过改变控制程序就能实现复杂的控制，如前馈控制、最优控制、模糊控制等。DDC系统能够巡回检测，对参数值进行修改显示、打印制表、超限报警。此外，其还可以对故障进行诊断、报警等。

（三）监督控制系统

我们要明确监督控制系统（SCC）的概念和作用。通常情况下，计算机通过对信息和参数的处理，根据数学模型或者其他方法，对调节器进行改变，确保生产过程始终优化。它的结构形式包括以下两方面。

（1）SCC+模拟调节器控制系统通过计算机对一些参数进行巡回检测，并按照已确定的数字模型进行分析、计算，再把产生结果作为一个定值向模拟调节器输出，然后调控完成。

（2）SCC+DDC 分级控制系统是一个二级控制系统。SCC 计算机进行相关的分析、计算后得出最优参数，并将它作为设定值送给 DDC 级，执行过程控制。如果 DDC 级计算机无法正常工作，那么 SCC 计算机可完成 DDC 的控制功能，使控制系统的可靠性得到提高。

SCC 系统较 DDC 系统更接近实际生产过程的变化情况，不仅可以进行定制控制，还可以进行顺序控制、最优控制及自适应控制等，是 DAS 系统和 DDC 系统的综合与发展。但是，生产过程较复杂的控制系统，其生产过程的数学模型的精确建立是比较困难的，所以系统实现起来不太容易。

（四）集散控制系统

现代工业过程对控制系统的要求已不限于实现自动控制，还要求控制过程能长期在最佳状态下进行。对于一个大型的、复杂的、功能繁多的工程系统，局部优化并不能解决实际问题。我们追求的目标是总体优化。为了实现总体优化，我们把高阶对象大系统分成多个低阶小系统，用局部控制器控制小系统，达到最优的目标。

集散控制系统（DCS）出现在 20 世纪 70 年代，主要是基于微处理器，分散控制功能、集中显示操作。集散控制系统也是计算机控制系统，主要由过程控制级和过程监控级组成。同时，它的构造更为先进，包含计算机、通信、显示和控制技术，设计的初衷就是分散控制、操作集中、分级管理、灵活配置、方便组态。

我们可以把集散控制系统分为三级：第一级，现场控制级，它的主要作用是集散控制，同时可以联系操作站；第二级，监控级，可以集中管理控制信息；第三级，企业管理级，它的主要作用是把建筑物自动化系统和企业管理信息系统结合。

对于控制系统，我们可以把其分为几个子对象，然后通过现场控制级对其局部进行控制。中央站的作用就是确定一个最好的控制策略，对控制器（分组）进行协调，使系统运行最优。中央站具有很大的优越性，可以监视、操作、管理工程过程，与常规仪表控制系统和计算机控制系统不同，采用分散控制，对两者的优点进行了继承，并克服了它们的缺点。由于分站单独控制，系统的可靠性就可以得到保证。分站与中央站通过一条总线相连，对数据的一致性，系统的可靠性、实时性和准确性都可以有很好的保证。

集散控制显示操作功能高度集中，并且能够灵活操作、结果方便可靠，同时可以对控制系统进行完善，产生不同的高级控制方案。系统通过局域网，将现场的控制信息传输，对信息进行综合管理，使平均无故障时间（MTBF）达到 5×10^4h，平均故障修复时间

（MTTR）为 5 min。

由于集散控制系统的模块结构原因，我们对系统进行配置和扩展就会很方便、快捷。

（五）现场总线控制系统

现场总线控制系统（FCS）是新一代的分布式控制系统，它的发展主要是基于集散控制系统。根据 IFX 标准和 FF 的定义，"现场总线是把智能现场设备和自动控制系统进行连接的一种数字式、双向传输、多分支通信网络"。对于传统的过程控制系统，设备与控制器间连接的方式主要是点对点；对 FCS 来说，连接方式是现场设备多点共享总线，不但节约连线了，而且实现了通信链路的多信息传输。

从物理角度来说，FCS 可以概括为由现场设备与形成系统的传输介质组成。对于现场总线的含义及优点，做了六点总结。

（1）互现场通信网络集散型控制系统的通信网络截止于控制器或现场控制单元，现场仪表仍然是一对一的模拟信号传输。现场总线是用于过程自动化和制造自动化的现场设备或现场仪表互连的现场通信网络，把通信线一直延伸到生产现场或生产设备。这些设备通过一对传输线互连，传输线可以使用双绞线、同轴电缆和光缆等。

（2）互操作性。它主要是对不同制造厂的现场设备来说，实现通信，组态统一，构成控制回路，达到共同控制的目标。换句话说，用户能够对品牌的选择更加自由化，因为它们都可以连接在一起，"即接即用"。它的基本要求是互联，如果互操作性得以实现，那么使用者对集成现场总线控制系统更加自由化。

（3）分散功能模块 FCS 去除 DCS 的现场控制单元和控制器，把 DCS 控制器的功能块分散给现场仪表，从而构成虚拟控制站。例如，流量变送器主要包含输入功能块和运算功能块；调节阀功能主要是信号驱动和执行、自校验和自诊断。功能块可以在多个仪表中分散，这对使用者来说是特别方便的，因为在功能块的选择上可以更加自由。

（4）通信线、供电线一般用的是双绞线。对供电方式来说，现场仪表与通信线连接并且直接摄入能量，可以节省能量，在安全环境下应用。由于企业生产方式不同，可能会有可燃物质出现，所以要制定安全标准并且严格遵守。

（5）现场总线是开放式互联网络，它能够连接同类型网络和不同类型网络。数据库共享就是开放式网络的一个体现，通过统一现场设备和功能块，使各厂商不同的网络构成统一的现场总线控制系统。

（6）"傻瓜"型现场控制总线产品具有以下特点：模块化、智能化、装置化，量程比大、适应性强、可靠性高、重复性好。所以，为用户选型、使用和备品备件储备带来很大的好处。

三、工业控制计算机

工业控制计算（IPC）机通过总线结构，对生产过程、机电设备、工艺装备进行检测与控制。它可以在工业生产过程中进行控制和管理，也叫过程计算机。对自动化技术来说，这是最重要的设备。

工业控制计算机也可以简单地叫作"工控机"。其主要由两个部分组成，即计算机和过程输入、输出通道。一些计算机的属性和特征都包含在内，如CPU、硬盘、内存、外设及接门等。

（一）IPC的主要特点

1. 可靠性

工业PC具有在粉尘、烟雾、高/低温、潮湿、振动、腐蚀环境下快速诊断的能力和较好的可维护性，其MTTR（Mean Time to Repair）一般为5min，MTTF为100000h以上；而普通PC的MTTF仅为10000~15000h。

2. 实时性

工业PC对工业生产过程进行实时在线检测与控制，对工作状况的变化给予快速响应，及时进行采集和输出调节（看门狗功能是普通PC所不具有的），可遇险自复位，保证系统的正常运行。

3. 扩充性

工业PC由于采用底板+CPU卡的结构，具有很强的输入/输出功能，最多可扩充20个板卡，能与工业现场的各种外设、板卡，如车道控制器、视频监控系统、车辆检测仪等相连，以完成各种任务。

4. 兼容性

其能同时利用ISA与PCI及PICMG资源，并支持各种操作系统、多种语言汇编、多任务操作系统。

（二）IPC的组成结构

随着科技的不断进步，计算机设计目标更加明确，标准更加合理，逐渐使计算机总线概念与结构更加完善，而厂家根据标准生产主机板和I/O模板。对设计控制系统的人来说，如果确定设计用途，那么把功能模板搭接上就可以了；对软件来说，通过不同的软件组合可以管理、控制生产流程，加快向自动化、网络化发展的步伐。

1. 硬件组成

为了确保高通用性、高灵活性和可扩展性，IP 采用模板化结构，也就是在无源的并行底板总线连接功能模板。

除了计算机基本接口，我们还可以选择 AI、AO、DI、DO 等多种 I/O 接口板。模板之间连接的方式就是通过总线，而总线传入的数据通过 CPU 进行处理。

（1）内部总线和外部总线

内部总线是信号线的一个集合，是信息传送通道。一般情况下，我们日常使用的有 PC、STD、VME 和 MULTIbus 总线等。外部总线是个公共通道，主要针对 IPC 与其他计算机。外部总线常见的有 RS-232C、RS-485 和 IEEE-488 等。

（2）主机板

主机板包含中央处理器（CPU）、内存储器（RAM、ROM）。主机板是 IPC 的核心。

（3）人机接口

人机接口是同计算机交流外设装置，组成部分包含 PC 键盘、鼠标、显示器、打印机。

（4）系统支持板

系统支持板主要由以下几个部分构成：程序运行监视系统，通俗来说就是看门狗定时器，如果系统出现异常，这个装置能够恢复原始运行；电源掉电检测，如果电源掉电，那么这个装置就可以检测到并且对重要数据加以保护；后备存储器，这个装置主要是对重要数据进行保护，通过 SRAM、NOVRAM、EEPROM，确保掉电后的系统对数据有保护作用；实时日历时钟，确定和记录不同功能发生的时间。

（5）磁盘系统

磁盘系统主要包括半导体虚拟磁盘、软磁盘和硬磁盘。

（6）通信接口

通信接口是 IPC 和其他设备外设的接口，其中 RS-232C、RS-485 和 IEEE-488 是比较常用的接口。

（7）输入/输出模板

输入/输出模板主要是作为连接通道，确保 IPC 和生产过程能够传递和变换信号，由模拟量输入模板、模拟量输出模板和数字量输入模板、数字量输出模板组成。输入或输出涉及很多不同参数，所以这种模板有最大的差异、最多的品种类、最丰富的用户选择。

2. 软件组成

作为基础的 IPC 硬件在工业控制机系统中应用广泛，如果想实现计算机对过程的控制，那么就必须有特定的计算机软件。对工业控制系统来说，软件包括系统软件、工具软件和应用软件。

（1）系统软件

系统软件主要对 PC 资源进行管理，给用户提供优质的服务，如实时多任务操作系统、引导程序、调度执行程序等。

（2）工具软件

工具软件是作为一种辅助软件在软件开发中应用。例如，各种不同语言、编程等，这些程序可以使生产效率提高，软件质量上升。

（3）应用软件

应用软件是针对确定生产过程中的实际应用所编制的程序，这个程序包含生产中的专业知识。软件编程包括输入、过程控制、过程输出、人机接口、打印显示和控制等。由于市场需求不断变化，计算机控制与管理一体化逐渐形成。应用软件在工业控制中扮演重要角色，其主要特点是通用性、开放性、实时性、多任务性等。

目前，商品化的工业控制软件被大量生产，其生产和应用对应用软件的开发发挥着积极的作用。

第三节 传感器及执行器

一、传感器概述

在工程科学与技术领域范畴，可以简单地把传感器作为人体"五官"的工程模拟物。传感器通过被测量的信息，以电信号或其形式输出，满足人们对信息的需求。它是实现自动检测和自动控制的首要环节。

（一）传感器的定义

传感器是能感受到被测量的信息，并能将感受到的信息，按一定规律变换成为电信号或其他所需形式的信息输出，以满足信息的传输、处理、存储、显示、记录和控制等要求的检测装置。

通常传感器由敏感元件和转换元件组成。其中，敏感元件是指传感器中能直接感受或响应被测量的部分；转换元件是指传感器中将敏感元件感受或响应的被测量部分转换成适于传输或测量的电信号部分。由于传感器的输出信号一般都很脆弱，因此需要有信号调理与转换电路对其进行放大、运算调剂等。在传感器领域，半导体器件与集成技术大量被运用。信号调理与转换电路一般在壳体内或通过芯片。

（二）传感器的主要分类

1. 按用途分类

传感器分为压力敏和力敏传感器、位置传感器、液位传感器、能耗传感器、速度传感器、加速度传感器、射线辐射传感器、热敏传感器。

2. 按原理分类

传感器分为振动传感器、湿敏传感器、磁敏传感器、气敏传感器、真空度传感器、生物传感器等。

3. 按输出信号分类

有以下几种。

①模拟传感器：非电学量转换成电信号。

②数字传感器：非电学量转换成数字输出信号。

③膺数字传感器：信号量转换成频率信号或短周期信号之后输出。

④开关传感器：当信号达到某个特定的值时，传感器就会根据设定输出相应信号。

4. 按其制造工艺分类

可分为以下几种。

（1）集成传感器

集成传感器是用标准的生产硅基半导体集成电路的工艺技术制造的。通常用于初步处理被测信号的部分电路也集成在同一芯片上。

（2）薄膜传感器

通过沉积在介质衬底（基板）上的相应敏感材料的薄膜形成的。使用混合工艺时，同样可将部分电路制造在此基板上。

（3）厚膜传感器

厚膜传感器是利用相应材料的浆料，涂覆在陶瓷基片上制成的，基片通常是 Al2O1 制成的，然后进行热处理，使厚膜成形。

（4）陶瓷传感器

采用标准的陶瓷工艺或其某种变种工艺（溶胶、凝胶等）生产。

预备性操作完成后，把元件在规定的温度中烧结。厚膜传感器相似于陶瓷传感器。在某种程度来说，厚膜工艺的前身就是陶瓷工艺。

5. 按测量目的分类

有以下几种。

（1）物理型传感器

通过物质的物理性质进而制成的。

（2）化学型传感器

对化学物质成分、浓度比较敏感，同时把这些信息转化成电学量。

（3）生物型传感器

由于生物固有特征能够检测与识别生物体内的化学成分。

6. 按其构成分类

有以下几种。

（1）基本型传感器

最基本的单个变换装置。

（2）组合型传感器

由不同单个变换装置构成的传感器。

（3）应用型传感器

基本型传感器和组合型传感器组合构成的传感器。

7. 按作用形式分类

可以分为主动型和被动型。主动型又分为作用型和反作用型，此种传感器向被测对象发出探测信号后，可以检测到经过被测对象后信号发生的变化。作用型就是检测信号变化方式，反作用型就是检测产生响应的信号，如雷达与无线电频率。被动型传感器只是接收被测对象本身产生的信号，如红外辐射温度计、红外摄像装置等。

（三）传感器的选型原则

1. 从对象和环境考虑确定类型

要完成一项准确的测量工作，传感器的选取十分重要，要综合考虑多方面的因素。考虑因素一般包括量程、传感器大小、测量方式、信号传输、测量方式等。对这些关键因素进行考虑后，再看传感器的性能。

2. 灵敏度的选择

对传感器来说，我们当然希望越灵敏越好。灵敏度高，对信号响应越明显。但是，由于灵敏度过高，外界一些因素也会对传感器产生影响，如温度、噪声。所以，对传感器的要求就是信噪比要好，避免外界干扰信息。灵敏度具有方向性。如果测量单向量，方向性要求精确，那么必须选择其他方向灵敏度小的传感器；如果被测量是多维向量，那么要求传感器交叉灵敏度小。

3. 频率响应特性

频率对传感器来说很重要，决定了能够测量的频率范围。实际上，传感器的响应总会有一定延迟。频率响应与能够测量信号频率范围成正比。

4. 线性范围

它是输出与输入比例的范围。从理论上来说，灵敏度在这个范围内保持不变。量程大的传感器的线性范围越宽，精度也越高。一旦确定某种类型传感器之后，就要看其量程。误差是不能避免的，但传感器的线性度是相对的。如果对精度要求不高，我们把非线性误差小的传感器都看作线性的，这就会方便测量。

5. 稳定性

长时间工作后，传感器的性能不受影响的能力叫作稳定性。传感器本身以及环境都会影响传感器稳定性。如果传感器想要有好的稳定性，那么适应环境的能力必须要强。

（1）传感器投入使用之前，我们要明确该环境适合何种传感器，或者通过一定方法使环境的影响降到最低。

（2）传感器的稳定性有定量性。如果超过使用期，那么投入使用的时候要注意标定，保证稳定性不变。

（3）如果对传感器使用时间和场合有要求，那么就要选择精度和稳定性适合的传感器，这样才可以长时间使用。

6. 精度

精度作为衡量传感器重要指标之一，对整个测量系统测量精度都有影响。由于传感器的精度和价格成正比，所以避免金钱的浪费要选择合适精度的传感器。如果我们追求的是定性分析，那么传感器要选择重复精度较高的。如果定量分析是最终目标，那么精确的测量值是我们追求的，所以要选择精确度较高的传感器。如果对于特殊场合，找不到合适的传感器，则可以自己设计。

二、传感器的特性与指标

（一）传感器的静态特性

静态特性指的是传感器在被测输入量各个值处于稳定状态时输出—输入关系。非线性与随机变化因素对静态性研究至关重要。

（1）线性度就是输出与输入间数字关系的线性程度。如果忽略迟滞和蠕变，那么传感器的线性度可以表示为

$$y = a_0 + a_1x + a_2x^2 + \cdots + a_nx^n \qquad (5-1)$$

式中：a_0——输入量 a 为零时的输出量；

a_1、a_2、$\cdots$、a_n——非线性项系数。

由于系数不同，所以曲线形式不同。

通常，我们把线性度也叫非线性，是输出—输入曲线和拟合直线间的偏离程度。相对误差可以表示线性度或非线性误差，即

$$e_L = \pm \frac{\Delta L_{max}}{Y_{FS}} \times 100\% \qquad (5-2)$$

式中：ΔL_{max}——最大偏差；

Y_{FS}—满量程输出值。

如果拟合曲线不同，那么线性度也就不同。所以，对拟合直线的选取，我们要尽量获取较小的非线性误差，这样计算也会比较方便。即使传感器一样，拟合直线选取的不同，结果也会不同。拟合直线的方法多种多样，一般有理论拟合、过零旋转拟合、端点平移拟合、最小二乘法拟合等，其中最小二乘法拟合精度相对来说较高。

（2）迟滞是传感器在正反过程中输出—输入曲线不重合程度的指标。用 ΔH_{max} 计算，并以相对值表示，即

$$e_H = \pm \frac{\Delta H_{max}}{Y_{FS}} \times 100\% \qquad (5-3)$$

迟滞误差又称回程误差，通常用绝对误差表示。对回程误差的检测，可以选择几个测试点。回程误差是传感器正反行程中输出信号的最大差值。

（3）重复性是衡量传感器在一定的工作条件下，输入量经过多次变动，所得特性曲线间一致程度的指标。如果曲线之间越相似、越靠近，那么重复性就越好。重复性误差是随机误差，主要校准数据的离散程度，因此应根据标准偏差计算，即

$$e_R = \pm \frac{1}{2} \times \frac{R_{max}}{Y_{FS}} \times 100\% \qquad (5-4)$$

（4）灵敏度是传感器输出量增量与被测输入量增量之比。对线性传感器来说，拟合直线的斜率就是它的灵敏度，即

$$S = \Delta y / \Delta x \qquad (5-5)$$

对非线性传感器来说，它的灵敏度以 d_y/d_x 表示。它受外电源的输出量和供给电源电压的影响。例如，位移传感器，当电压初始为 1V 时，出现每 1mm 位移移动电压就会变化 100mV，那么它的灵敏度计算表示为 100mV/mm。

（5）分辨力指的是传感器在规定测量范围内所能检测到被测输入量的最小变化量。

（6）阈值就是引起输出端发生最小变量的输入值。如果零位出现严重的非线性，形成"死区"，那么阈值就是死区的大小。阈值一般与噪声有关，所以传感器包含噪声电平。

（7）稳定性是长期稳定性的简称，它指的是在一段时间内可以保持自己特性的一种性质。在室温条件下，经过预设的时间间隔，把输出和最原始输出进行比较，其差异就用稳定性来表示。

（8）漂移是指在特定的时间内，输出量发生与输入量无关的变化。漂移包括两个部分，即零点和灵敏度。漂移分为时间漂移（时漂）和温度漂移（温漂）。在特定条件下，零点或灵敏度随时间改变叫作时漂，由于温度变化导致零点或灵敏度漂移叫作温漂。

（9）静态误差（精度）是评价传感器的重要指标，是指理论值与实际值偏离的程度。

（二）传感器的动态特性

动态特性指的是由于时间不同，输入量发生的变化。对动态量进行测试的时候，我们想要的结果是随时间的变化，输入量和输出量尽可能相同。但是，实际结果不是这样，所以我们要分析动态误差。误差包含两部分：一是当输出量稳定时同理想输出量的差别；二是当输入量产生大的跃变，输出量在两个状态过渡的误差。在生产中，输入量不确定，所以经常使用"标准"信号函数方法分析，一般采用正弦函数与阶跃函数。

1. 瞬态响应特性就是传感器的瞬态响应

在对动态特性进行研究的时候，要注意时域的作用。采用时域分析法，瞬态响应就是指传感器对激励信号响应。激励信号包含阶跃函数、斜坡函数、脉冲函数等。

2. 频率响应特性就是传感器被输入正弦信号时出现的响应特性

频率响应法指的是研究传感器动态特性的一种方法，主要是从传感器的频率角度研究的。

三、智能传感器及其应用

智能传感器是为了代替人和生物体的感觉器官并扩大其功能而设计制作出来的一种系统。人和生物体的感觉有两种基本功能，一是对对象有无或变化进行检测，从而发出信号，即感知；二是对对象的不同状态进行判断、推理、鉴别，即认知。一般传感器具有"感知"能力，没有"认知"能力。智能传感器则兼具"感知"和"认知"。

智能传感器需要具备下列条件。

第一，传感器本身可消除异常值和例外值，与传统传感器相比，提供的信息更加全面、真实。

第二，可以进行信号处理。

第三，能够随机整定和自适应。

第四，有存储、识别和自诊断功能。

第五，含有特定算法并可以根据实际情况改变优化。

智能传感器的特征包含敏感技术和信息处理技术两方面。换句话说，智能传感器既要有"感知"，又要有"认知"。如果具有信息处理的能力，就必然会使用计算机技术。考虑到体积问题，智能传感器最好用微处理器。

智能传感器是多种原件的结合，包括敏感元件、微处理器、外围控制及通信电路、智能软件系统等。由于其内嵌了标准通信协议和标准的数字接口，使传感器之间或传感器与外围设备之间可以组网。

（一）智能传感器的产生缘由

（1）随着时代和科技的发展，微处理器可靠性提高并且体积越来越小，传统传感器中可嵌入智能控制单元，这就是传感器微型化的基础。

（2）传统传感器的最终目的是解决准确度、稳定性和可靠性的问题，主要的研发工作是新敏感材料的开发，但是会花费较多的人力、物力。由于自动化系统的发展，传感器的精度、智能水平、远程可维护性、准确度、稳定性、可靠性和互换性等要求更高，所以智能传感器的出现势在必行。

（二）智能传感器的应用价值

（1）应用设计简单。工程师在设计的时候重点在系统的应用层面，如控制规则、用户界面、人机工程等，对传感器本身就不必深入研究，只需要把传感器作为部件使用。

（2）应用成本低。由于技术的完善以及工具的辅助，研发、采购、生产等方面的成本会降低。

（3）传感器标准协议接口的使用，使工厂更加专注于传感器的品质，会满足此接口协议的传感器都能投入使用。

（4）采用平台技术，使跨行业应用成为可能。

（5）搭建复合传感。基于通用的接口规范，工厂和应用商能够完成新型的复合传感器设计、生产和应用。

（6）通用的数据接口允许第三方客户开发标准的支持设备，帮助客户或传感器工厂完成新产品的设计。

（三）智能传感器的应用

由于技术不断发展，智能传感器的应用越来越广泛。

对于工业生产来说，传统的传感器不能对产品质量指标进行快速、直接的测量和控制。而智能传感器通过函数关系以及对数学模型进行计算，能够对产品质量指标进行监测，推断产品的质量。

四、执行器

执行器能够接收控制信息并且对受控对象施加控制作用，由执行机构和调节机构组成。执行器作为一种仪表，能够直接改变操纵变量。它可以接收来自调节器的信号，调整工艺介质流量，确保被控数在要求范围内。

建筑自动化系统中，电动执行器最为常用。

（一）气动执行机构

气动执行机构相比于其他机构应用更为广泛，是以气源作为动力，经济实惠，结构简单，容易掌握和维护。从维护角度来说，与其他机构相比，它操作和校定都非常容易，更容易实现正反、左右的互换。它最大的优点是安全，所以可以在易燃易爆环境使用。

气动执行机构的缺点主要表现为响应不快、精度不好、不抗偏离。由于气体的可压缩性，在使用大的气动执行机构时，空气填满和排空需要时间。但这些都不是问题，因为很多工程中不要求高精度、快响应和抗偏离能力。

（二）电动执行机构

电动执行机构在动力厂或核动力厂应用得比较多，因为高压水系统应用需要一个平滑、稳定和缓慢的过程。它的主要优点是稳定性较高且能够为用户提供恒定的推力，其推力最大为 225000kgf（1kgf＝9.80665N）。同时，具有很好的抗偏离能力，可以输出恒定的推力或力矩，能够克服介质的不平衡力，精准控制工艺参数，与气动执行器相比，精度更好。如果使用伺服放大器，可以很容易实现正反作用的互换，也会很容易设定信号阀位状态（保持/全开/全关）。故障发生时，会在原位停留，而气动执行器的保位必须借助保护系统。

电动执行机构的缺点体现在结构复杂，故障发生率更高，对维护人员要求较高；运行的时候会产生热，如果使用频繁则使电动机过热，热保护出现，齿轮磨损会更加严重；运行慢，相比较来说，气动执行器和液动执行器运行速度很快。

（三）液动执行机构

抗偏离能力、推力和行程速度要求较高的时候，经常使用液动或电液执行机构。由于液体不能压缩，所以它的抗偏离能力很强。同时，其运行平稳，响应速度快，能实现高精度的控制。电液执行机构把电动机、液压泵、电液伺服阀结合，只要有电源和控制信号就能够驱动。而液动执行器与气缸相近，只是能比气缸耐更高的压力，它的工作需要外部的液压系统，工厂中需要配备液压站和输油管路。相比之下，电液执行器更方便一些。

液动执行机构的缺点是造价昂贵、体积笨重、结构复杂。只有在电厂、石化等比较特殊的场合才会使用。

（四）直行程阀

以下简单介绍几种直行程阀。

1. 角形调节阀

这种直行程阀的阀体为直角形，因其浮力较小，流路简单，一般应用于高黏度、高压差、含颗粒状物料和悬浮物流量的控制中。一般底部流入侧面流出，这样能够更好地确保其稳定性。而高压时，可采用侧进底出的方式，可以有效增加阀芯的使用寿命。缺点是小开度时易振荡。

2. 直通单座阀

阀体内只有一个阀座、一个阀芯即可称为单座。优点在于其泄漏量小，甚至不存在，并且结构简单、所允许的压差较小。其适用于工作压差较小且严格要求泄漏量的介质干净的场合。使用时要注意其允许压差，以防止阀门关不死。

3. 直通双座阀

较之单座阀多了一个阀芯阀座。与单座阀相比，在口径相同时，能增大20%甚至25%的流通能力。因为流体在上下阀芯上作用力可以相抵，又考虑到上下阀芯不会同时关闭，所以双座阀拥有较大允许压差且泄漏量大。这种阀更适用于压差大且泄漏要求不严格的干净介质场合。

（五）角行程阀

1. 凸轮挠曲阀

一种新型结构的调节阀，其阀芯中心线偏离转轴中心，转动时阀芯随转轴偏心旋转，使阀芯从前下方进入阀座，因此又名偏心旋转阀。其体积不大、质量较轻、维修方便、使用可靠、流体阻力小、通用性强，一般在黏度较大的场合，如石灰、泥浆等流体中使用性能较好。

2. 蝶阀

其流体流量一般借助于挡板绕转轴的旋转来控制，主要构成部件有挡板、阀体、挡板轴及轴封等。体积较小、结构简单、成本低、质量轻，流通能力较强，但泄漏量较大。适用的场合一般为大流量、大口径、低压差气体和带有悬浮物流体的场合。其一般工作的角度区间为0°至70°之间，因为其流量特性只有在此区间内才相似于等百分比，超过此角度区间则性能不稳定。一般广泛应用于煤气、石油、水处理、化工等，在热电站的冷却水系统中亦可使用。

3. 球阀

旋塞体为球体，其轴线中有圆孔通孔或通道，可旋转至90°，可对流体进行调节控制，也可接通、截断其中介质。由于其堆焊硬质合金的金属阀座和硬密封V形球阀的V形球芯间存在极强剪切力，因此极其适合含微小固体或纤维等介质。多通球阀，即多个通道，可以灵活控制介质的流向、分合流等情况，亦可使其中任一通道关闭而使另外两通道连通。球阀分为手动、启动、电动三类，在管道中一般水平安置，只需旋转90°即可用很小的转动力矩达到严密关闭，最适宜用作切断阀或开关等。在工业发达的国外地区，球阀的使用率逐年上升，而国内目前广泛使用的行业包括长输管线、石油炼制、水利、电力、制药、化工、造纸、钢铁、市政等，占有举足轻重的地位。

第四节　计算机测控系统接口技术

一、控制器的组成

其主要由指令寄存器、程序计数器、时序产生器、指令译码器、操作控制器等部分组成，通过按顺序改变主电路、控制电路的接线及电阻值来控制电动机，使其实现起动、制动、调速、反向等操作。它能够协调指挥整个计算机系统的操作，是主要负责发布命令的"决策机构"。

（一）分类

大致分为两类：微程序控制器和组合逻辑控制器。微程序控制器与组合逻辑控制器相比，结构更为简单，设计更加便利，但速度较慢。不同于组合逻辑控制器设计完成后的不可扩充修改，微程序控制器具有修改机器指令的功能，只需重编所对应的微程序。组合逻辑控制器主要由逻辑电路组成，依靠硬件完成指令；而微程序控制器则只是组合逻辑器的缺点修改，主要针对修改和扩充等。

（二）组成

以组合逻辑控制器为例，其主要由以下部分组成。

1. 时序电路

主要用于产生时间标志信号。一般情况下，微型计算机中的时间标志信号分为三级，即指令周期、总线周期及时钟周期。微操作命令是在电路中产生的、完成指令规定操作的各种命令，这些命令产生的主要依据是时间标志和指令操作性质。这部分电路是控制器中最复杂的部分。

2. 操作码译码器

顾名思义，将指令的操作码进行译码，生成相应的控制电平，完成对指令的分析。

3. 指令计数器

指示下一待执行指令的地址。在存储器中，指令顺序存放，一般也顺序执行。执行一条指令时，必须将执行指令的现行地址加 1，参照微操作命令中的 "1"。若执行转移指令，则应转移到本转移指令的地址码字段，并送往指令计数器。

4. 指令寄存器

正在进行执行的指令存放的地址。地址码和操作码是指令的两个重要部分。能够显示本条指令的操作数地址或者形成这个地址的相关信息（操作数地址主要是由地址形成的电路来显示）的是地址码；而操作码则注重指令操作，如加减法等。在转移指令中，其主要目的是改变指令的操作顺序，因此地址码指示的是要转去执行的指令的地址。

通过微指令产生微操作命令，将多条微指令组合成一段微程序，从而实现一条机器指令的功能（为了加以区别，将前面所讲的指令称为机器指令），这就是微程序控制的设计思路。设机器指令 M 执行时需要三个阶段，每个阶段需要发出如下命令：阶段一发送 K1、K8 命令，阶段二发送 K0、K2、K3、K4 命令，阶段三发送 K9 命令。当将第一条微指令送到微指令寄存器时，微指令寄存器的 K1 和 K8 为 1，即发出 K1 和 K8 命令，该微指令指出下一条微指令地址为 00101，从中取出第二条微指令，送到微指令寄存器时，将发出 K0、K2、K3、K4 命令，接下来是取第三条微指令，发出 K9 命令。

二、数字量和模拟量接口

（一）I/O 接口电路

I/O 接口电路也称接口电路。它是主机和外围设备之间交换信息的连接部件（电路）。它在主机和外围设备之间的信息交换中起着桥梁和纽带作用。接口电路主要作用如下。

1. 解决主机 CPU 和外围设备之间的时序配合和通信联络问题

主机的 CPU 是高速处理器件，如 8086-1 的主频为 10MHz，1 个时钟周期仅为 100ns，一个最基本的总线周期为 400ns，比外围设备的工作速度快得多。常规外围中，电传打字机在传送信息时的速度为毫秒级；工业控制设备中，炉温控制的采样周期则是以秒为单位。通过设置一个 I/O 接口，使外围设备和 CPU 两个不同速度的系统实现异步通信联络，并且保证 CPU 的高效率工作，也可以适应外部的设备运行速度要求。其由缓冲器、状态寄存器、数据锁存器和中断控制电路等部分组成。经过接口，CPU 即可运用查询、中断控制等方式为外围提供服务，保证两者的异步协调工作，在符合外围要求的条件下提高 CPU 的利用率。

2. 解决 CPU 和外围设备之间的数据格式转换问题和匹配问题

CPU 只可以对并行数据进行读入和输出，是遵照并行处理设计的高速处理器件。但往往这些数据格式多是串行。例如，机间距离较长时，一般为节省传输线及成本、提高可靠性，即采用串行通信方式。因此，要转换计算机 CPU 所接收的串行格式为并行方式，并且信息传送时要调整到双方相匹配的电平和速率。而诸如此般功能全由接口芯片在 CPU 控制下完成。

3. 解决 CPU 的负载能力和外围设备端口选择问题

尽管 CPU 能够克服上述串并行格式的信息交换，但也不可能使外围设备的数据线、地址线与 CPU 总线直接挂钩。原因一在于外围设备的端口选择；原因二在于 CPU 总线的负载能力。CPU 总线负载能力有限，当过多的信号线直接连接总线时，将导致总线的超负荷，而接口电路可以有效分散这些负载，减轻 CPU 总线压力。CPU 和所有外围设备交换信息都是通过双向数据总线进行的。如果所有外围设备的数据线都直接接到 CPU 的数据总线上，则数据总线上的信号将会混乱，无法区分是送往哪一个外围设备的数据，还是来自哪一个外围设备的数据。只有通过接口电路中具有三态门的输出锁存器或输入缓冲器，再将外围设备数据线接到 CPU 数据总线上，通过控制三态门的使能（选通）信号，才能使 CPU 的数据总线在某一时刻只接到被选通的那一个外围设备的数据线上，这就是外围设备端口的选址问题。使用可编程并行接口电路或锁存器、缓冲器就能方便地解决上述问题。

此外，接口电路还可实现端口的可编程功能以及错误检测功能。一个端口通过软件设置既可作为输入口又可作为输出口。同时，多数用于串行通信的可编程接口芯片，都具有传输错误检测功能，如可进行奇/偶校验、冗余校验等。

（二）I/O 通道

I/O 通道也称为过程通道，是计算机和控制对象之间信息传送和变换的连接通道。计算机要实现对生产机械、生产过程的控制，就必须采集现场控制对象的各种参量。这些参量分为两类：一类是模拟量，即时间上和数值上都连续变化的物理量，如温度、压力、流量、速度、位移等；另一类是数字量（或开关量），即时间和数值上都不连续的量，如表示开关闭合或断开两个状态的开关量，按一定编码的数字量和串行脉冲列等。同样，被控对象也要求得到模拟量（如电压、电流）和数字量两类控制量。但是，计算机只能接收和发送并行的数字量，因此为使计算机和被控对象之间能够连通起来，除了需要 I/O 接口电路外，还需要 I/O 通道。通过它，将被控对象采集的参量变换成计算机所要求的数字量（或开关量），送入计算机。计算机按某一数学公式计算后，又将其结果以数字量形式或转换成模拟量形式输出至被控对象，这就是 I/O 通道所要完成的功能。

应当指出，I/O 接口和 I/O 通道都是为实现主机和外围设备（包括被控对象）之间的信息交换而设置的器件，其功能都是保证主机和外围设备之间能方便、可靠、高效地交换信息。因此，接口和通道紧密相连，在电路上往往就结合在一起了。例如，目前大多数大规模集成电路 A-D 转换器芯片，除了完成 A-D 转换，起模拟量输入通道的作用外，其转换后的数字量保存在具有三态输出的输出锁存器中。同时，具有通信联络及 I/O 控制的有关信号端，可以直接挂到主机的数据总线及控制总线上去，这样 A-D 转换器就同时起到了输入接口的作用，因此有的书中把 A-D 转换器也统称为接口电路。大多数集成电路 D-A 转换器也一样，都可以直接挂到系统总线上，同时起到输出接口和 D-A 转换的作用。但是，在概念上应当注意两者之间的联系和区别。

（三）I/O 信号的种类

在微机控制系统或微机系统中，主机和外围设备间所交换的信息通常分为数据信息、状态信息和控制信息三类。

（1）数据信息是主机和外围设备交换的基本信息，通常是 8 位或 16 位的数据，可以用并行格式传送，也可以用串行格式传送。数据信息又可以分为数字量、模拟量、开关量和脉冲量。

①数字量是指由键盘、磁盘机、拨码开关、编码器等输入的信息，或者是主机送给打印机、磁盘机、显示器、被控对象等的输出信息。它们是二进制码的数据或是以 ASCⅡ码表示的数据或字符（通常为 8 位）。

②模拟量来自现场的温度、压力、流量、速度、位移等物理量，也是一类数据信息。一般通过传感器将这些物理量转换成电压或电流，电压和电流仍然是连续变化的模拟量，经过 A-D 转换变成数字量，最后送入计算机。反之，从计算机送出的数字量要经过 D-A 转换变成模拟量，最后控制执行机构。所以，模拟量代表的数据信息都必须经过变换才能实现交换。

③开关量表示两个状态，如开关的闭合和断开、电动机的起动和停止、阀门的打开和关闭等。这样的量只要用一位二进制数就可以表示。

④脉冲量是一个传送的脉冲列。脉冲的频率和脉冲的个数可以表示某种物理量。例如，检测装在电动机轴上的脉冲信号发生器发出的脉冲，可以获得电动机的转速和角位移数据信息。

（2）状态信息是外围设备通过接口向 CPU 提供的反映外围设备所处的工作状态的信息，是两者交换信息的联络信号。输入时，CPU 读取准备好（READY）状态信息，检查待输入的数据是否准备就绪，若准备就绪则读入数据，未准备就绪就等待；输出时，CPU 读取忙（BUSY）信号状态信息，检查输出设备是否已处于空闲状态，若为空闲状态则可向外围设备发送新的数据，否则等待。

（3）控制信息是 CPU 通过接口传送给外围设备的。控制信息随外围设备的不同而不同，有的控制外围设备的起动、停止；有的控制数据流向，如控制输入还是输出；有的作为端口寻址信号等。

（四）I/O 控制方式

我们知道，外围设备种类繁多，它们的功能不同，工作速度不一，与主机配合的要求也不相同。CPU 采用分时控制，每个外围设备只在规定的时间内得到服务。为了使各个外围设备在 CPU 控制下成为一个有机的整体，从而协调、高效率、可靠地工作，就要规定一个 CPU 控制（或称调度）各个外围设备的控制策略，或者称为控制方式。

通常采用三种 I/O 控制方式：程序控制方式、中断控制方式和直接存储器存取方式。在进行微机控制系统设计时，可按不同要求选择各外围设备的控制方式。

（1）程序控制 I/O 方式是指 CPU 和外围设备之间的信息传送，是在程序控制下进行的，分为无条件 I/O 方式和查询式 I/O 方式。

状态端口的指定位表明外围设备的状态，通常只有"O"或"I"两种状态。交换信息时，CPU 通过执行程序不断读取并测试外围设备的状态，如果外围设备处于准备好的状态（输入时）或者空闲状态（输出时），则 CPU 执行输入指令或输出指令，与外围设备交换信息，否则，CPU 要等待。当一个微机系统中有多个外围设备采用查询式 I/O 方式交换信息时，CPU 应采用分时控制方式，逐一查询，逐一服务。其工作原理如下：每个外围设备提供一个或多个状态信息，CPU 逐次读入并测试各个外围设备的状态信息，若该外围设备请求服务（请求交换信息），则为之服务，然后清除该状态信息；否则，跳过，查询下一个外围设备的状态；各外围设备查询完一遍后，再返回从头查询，直到发出停止命令为止。

在查询式 I/O 方式下，CPU 要不断读取状态字和检测状态字。无论外围设备是否有服务请求，都必须一一查询，许多次的重复查询可能都是无用的，而又占去了 CPU 的时间，效率较低。比如，用查询式管理键盘输入，若程序员在终端按每秒打入 10 个字符的速度计算，那么计算机平均用 100ms 的时间完成一个字符的输入过程。

这种方式一般适用于各外围设备服务时间不太长、最短响应时间差别不大的情况。若各外围设备的最短响应时间差别大且某些外围设备服务时间长，采用这种方式不能满足实时控制要求，就要采用中断控制方式。

（2）中断控制方式是为了提高 CPU 的效率，使系统具有良好的实时性。采用中断方式时，CPU 不必花费大量时间去查询各外围设备的状态。当外围设备需要请求服务时，向 CPU 发出中断请求。CPU 响应外围设备中断，停止执行当前程序，转去执行该外围设备服务的程序，此服务程序称为中断服务处理程序，或称中断服务子程序。中断处理完毕，CPU 又返回执行原来的程序。

微机控制系统中，可能设计有多个中断源，且多个中断源可能同时提出中断请求。因此，多重中断处理必须注意如下四个问题。

第一，保存现场和恢复现场。为了不致造成计算和控制的混乱和失误，进入中断服务程序要先保存通用寄存器的内容，中断返回前又要恢复通用寄存器的内容。

第二，正确判断中断源。CPU 能正确判断出是哪一个外围设备提出的中断请求，并转去为该外围设备服务，即能正确地找到申请中断的外围设备的中断服务程序入口地址，并跳转到该入口。

第三，实时响应。实时响应就是要保证 CPU 能接收到每个外围设备的每次中断请求，并在其最短响应时间之内给予服务完毕。

第四，按优先权顺序处理多个外围设备同时或相继提出的中断请求。应能按设定的优先权顺序，按轻重缓急逐个处理。必要时，应能实现优先权高的中断源可中断比其优先权较低的中断处理，从而实现中断嵌套处理。

（3）直接存储器存取（DMA）方式利用中断方式进行数据传送，可以大大提高 CPU 的利用率。在中断方式下，仍必须通过 CPU 执行程序来完成数据传送。每进行一次数据传送，就要执行一次中断过程，其中保护和恢复断点、保护和恢复寄存器内容的操作与数据传送没有直接关系，但会浪费 CPU 不少时间。例如，对磁盘来说，数据传输速率由磁头的读写速度来决定，而磁头的读写速度通常超过 $2 \times 10^5 B/s$，这样磁盘和内存之间传输一个字节的时间就不能超过 $5\mu s$。采用中断方式很难达到这么高的处理速度。

所以，希望用硬件在外设与内存间直接进行数据交换（DMA）而不通过 CPU，这样数据传送的速度上限就取决于存储器的工作速度。但是，通常系统的地址和数据总线以及一些控制信号线是由 CPU 管理的。在 DMA 方式时，就希望 CPU 把这些总线让出来（即 CPU 连到这些总线上的线处于第三态——高阻状态），而由 DMA 控制器接管，控制传送的字节数，判断 DMA 是否结束以及发出 DMA 结束等信号。

（五）I/O 接口的编址方式

计算机控制系统中，存储器和 I/O 接口都接到 CPU 的同一数据总线上。当 CPU 与存储器和 I/O 接口进行数据交换时，就涉及 CPU 是与哪一个 I/O 接口芯片的哪一个端口联系，还是从存储器的哪一个单元联系的地址选择的问题，即寻址问题。这涉及 I/O 接口的编址方式，通常有两种编址方式，一种是 I/O 接口与存储器统一编址，另一种是 I/O 接口独立编址。

（1）I/O 接口独立编址方式。这种编址方式是将存储器地址空间和 I/O 接口地址空间分开设置，互不影响，设有专门的输入指令（IN）和输出指令（OUT），来完成 I/O 操作。

（2）I/O 接口与存储器统一编址方式。这种编址方式不区分存储器地址空间和 I/O 接口地址空间，把所有的 I/O 接口的端口都当作存储器的一个单元对待，每个接口芯片都安排一个或几个与存储器统一编号的地址号，不设专门的输入/输出指令，所有传送和访问存储器的指令都可用来对 I/O 接口操作。M6800 和 6502 微处理器以及 Intel51 系列的 51、96 系列单片机就是采用 I/O 接口与存储器统一编址的。

两种编址方式有各自的优缺点。独立编址方式的主要优点是内存地址空间与 I/O 接口地址空间分开，互不影响，译码电路较简单，并设有专门的 I/O 指令，所编程序易于区分，且执行时间短，快速性好。其缺点是只用 I/O 指令访问 I/O 端口，功能有限且要采用专用 I/O 周期和专用的 I/O 控制线，使微处理器复杂化。统一编址方式的主要优点是访问内存的指令都可用于 I/O 操作，数据处理功能强；同时 I/O 接口可与存储器部分公用译码和控制电路。其缺点是 I/O 接口要占用存储器地址空间的一部分；因不用专门的 I/O 指令，程序中较难区分 I/O 操作。

I/O 接口的编址方式是由所选定的微处理器决定的，接口设计时应按所选定的处理器、所规定的编址方式来设计 I/O 接口地址译码器。但是，独立编址的微处理器的 I/O 接口也可以设计成统一编址方式使用，如在 8086 系统中，就可通过硬件将 I/O 接口的端口与存储器统一编址。这时应在 RD 信号或者 WR 信号有效的同时，使 M/IO 信号处于高电平，通过外部逻辑组合电路的组合，产生对存储器的读、写信号，使 CPU 可以用功能强、使用灵活方便的各条访问指令来实现对 I/O 端口的读、写操作。

三、通信总线接口技术

计算机和外部交换信息又称为通信。按数据传送方式分为并行通信和串行通信两种基本方式。

（一）并行通信

并行通信就是把传送数据的 n 位数用 n 条传输线同时传送。其优点是传送速度快、信息率高。通常只要提供两条控制和状态线，就能完成 CPU 和接口及设备之间的协调、应答，实现异步传输。它是计算机系统和计算机控制系统中常常采用的通信方式。但是，并行通信所需的传输线（通常为电缆线）多，增加了成本，接线也较麻烦，因此在长距离、多数位数据的传送中较少采用。

（二）串行通信

串行通信是数据按位进行传送的。在传输过程中，每一位数据都占据一个固定的时间长度，一位一位地串行传送和接收。串行通信又分为全双工方式和半双工方式、同步方式和异步方式。

1. 全双工方式

CPU 通过串行接口和外围设备相接，串行接口和外围设备间除公共地线外，还有两根数据传输线。串行接口可以同时输入和输出数据，计算机可同时发送和接收数据。这种串行传输方式就称为全双工方式，信息传输效率较高。

2. 半双工方式

CPU 通过串行接口和外围设备相接，但是串行接口和外围设备间除公共地线外，只有一根数据传输线，某一时刻数据只能沿一个方向传输，称为半双工方式，信息传输效率低些。但是，对于像打印机这种单方向传输的外围设备，只用半双工方式就能满足要求了，不必采用全双工方式，可省一根传输线。

3. 同步通信

同步通信是将许多字符组成一个信息组，通常称为信息帧，在每帧信息的开始加上同步字符，接着字符一个接一个地传输（在没有信息要传输时，要填上空字符，同步传输不允许有间隙）。接收端在接收到规定的同步字符后，按约定的传输速率，接收对方发来的一串信息。相对于异步通信来说，同步通信的传输速率略高些。

4. 异步通信

每个字符在传输时，由 "1" 跳变到 "0" 的起始位开始；其后是 5~8 个信息位（也称字符位），信息位由低到高排列，即第一位为字符的最低位，最后一位为字符的最高位；然后是可选择的奇偶校验位；最后为 "1" 的停止位，停止位为 1 位、1 位半或 2 位。如果传输完一个字符后立即传输下一个字符，那么后一个字符的起始位就紧挨着前一个字符的停止位。字符传输前，输出线为 "1" 状态，称为标识态。传输一开始，输出线状态由 "1" 变为 "0"，作为起始位。传输完一个字符之后的间隔时间输出线又进入标识态。

第六章 电气自动化技术及其应用

第一节 电气自动化技术概述

随着现代科学技术的飞速发展，电气自动化技术被广泛应用于各个领域。电气自动化技术的应用不仅提高了相关产业的工作效率，而且提高了相关工作人员的工作质量，改善了工作人员的工作环境。

一、电气自动化技术的基本概念

（一）电气自动化技术概念介绍

自动化技术是指在没有人员参与的情况下，通过使用特殊的控制装置，使被控制的对象或者过程自行按照预定的规律运行的一门技术。这一技术以数学理论知识为基础，利用反馈原理来自觉作用于动态系统，从而使系统的输出值接近或者达到人们的预定值。随着电气自动化产业的迅速发展，电气自动化技术成为扩大生产力的有力保障，成为许多行业重要的设备技术。电气自动化技术是由电子技术、网络通信技术和计算机技术共同构成的，其中，电子技术是核心技术。电气自动化技术是工业自动化的关键技术，其实用性非常强，应用范围将越来越广。自动化生产的实现主要依靠工业生产工艺设施与电气自动化控制体系的有效融合，将许多优秀的技术作为基础，从而构成能够稳定运作、具备较多功能的电气自动化控制系统。

反应快、传送信号的速度快、精准性高等是电气自动化技术的主要特征。电气自动化控制系统为提高某一项工艺的产品品质，可以减少系统运作的对象，提升各类设施之间的契合度，从而有效增强该工艺的自动化生产效果。对此，目前的电气自动化控制系统将电子计算机技术和互联网技术作为运作基础，并配备了自动化工业生产所需的远程监控技术，利用工业产出的需求及时调节自动化生产参数，利用核心控制室监控不同的自动化生产运作状况。

综上所述，电气自动化技术主要将计算机技术、网络通信技术和电子技术高度集成于一体，因此对这三种技术有着很强的依赖性。与此同时、电气自动化技术充分结合了这三项技术的优势，使电气自动化控制系统具有更多功能，能够更好地服务于社会大众。此外，应用多项科学技术研发的电气自动化控制系统可以应用于多种设备，控制这些设备的工作过程。在实际应用中，电气自气自动化技术主要利用计算机技术和网络通信技术的优势，对整个工业生产的工艺流程进行监控，按照实际生产需要及时调整生产线参数，以满足生产的实际需求。

（二）电气自动化技术要点分析

电气自动化技术应用过程中的要点主要包括以下四个方面。

1. 电气自动化控制系统的构建

电气自动化专业的开设使得该专业的大学生和研究生不断增多，电气自动化专业就业人员的人数也飞速增长。我国对电气自动化专业技术人员的需求越来越多，供求关系随着需求量的增长而增长，如今，培养电气自动化专业顶尖技术人才是我国亟须解决的重要问题。为此，我国政府发布了许多有利于培养此类专业型人才的政策，为此类人才的培养创造了便利的条件，使得电气自动化专业及其培养出的人才都可以得到更好的发展。由此可见，我国高校电气自动化专业具备优越的发展条件，属于稳步上升且亟须相关人才的新型技术行业。就目前情况来看，我国电气自动化专业发展将会更加迅速。

要想有效地应用电气自动化技术，首先必须构建电气自动化控制系统。目前，我国构建的电气自动化控制系统过于复杂，不利于实际的运用，并且在资金、环境、人力以及技术水准等方面存在一定的问题，使其无法有效地促进电气自动化技术的发展。为此，我国必须提升构建电气自动化控制系统的水平，降低构建系统的成本，减小不良因素对该系统造成的负面影响，从而构建出具备中国特色的电气自动化控制系统。电气自动化控制系统的构建应从以下两方面入手。

首先，要提高电气自动化专业人才的数量和质量，培养电气自动化专业高端、精英型人才。虽然当前我国创办的电气企业非常多，电气从业人员和维修人员众多，从业人员的收入也不断上涨，但是我国精通电气自动化专业的优秀人才少之又少，高端、精英、顶尖的专业技能型人才更加稀缺。为此，基于发展前景良好的电气自动化专业的现状和我国社会的迫切需求，各大高校应提高电气自动化专业人才的数量和质量，培养电气自动化专业高端、精英型人才。

其次，要大批量培养电气自动化专业的科研人才。研发顶尖科学技术产品需要技术能力高、创新能力强的科研人才，为此，全国各地陆续建立了越来越多的科研机构，专业科研人员团队的数量和实力不断增强。与此同时，随着电气自动化市场的迅速发展，电气自动化技术成为促进社会经济发展的重要力量，电气自动化专业科研人才的发展前景十分乐观。为此，各大高校和科研机构还应该培养一大批技术能力高、创新能力强的电气自动化专业科研人才。

2. 实现数据传输接口的标准化

数据传输接口的标准化建设是数据得以安全、快速传输和电气工程自动化得以有效实现的重要因素。数据传输设备是由电缆、自动化功能系统、设备控制系统以及一系列智能设备组成的，实现数据传输接口的标准化能够使各个设备之间实现互相联通和资源共享，建设标准化的传输系统。

3. 建立专业的技术团队

目前许多电气企业的员工存在技术水平低、整体素养低等问题，实际电气工程的安全隐患较大，设备故障和设施损坏的概率较高，严重时还会导致重大安全事故的发生。因此，电气企业在经营过程中应该招募具备高水准、高品质的人才，利用专业人才提供的电气自动化技术为社会建设提供坚实的保障，降低因人为因素造成的电气设施故障的概率；还应该使用有效的策略对企业中的工作人员进行专业的技术培训，如入职培训等，丰富工作人员电气自动化技术的知识和技能。

4. 计算机技术的充分应用

计算机技术的良好发展不仅促进了不同行业的发展，也为人们的日常生活带来了便利。由于当前社会处于快速发展的网络时代，为了构建系统化和集成化的电气自动化控制体系，可以将计算机技术融入电气自动化控制体系中，以此促进该体系朝着智能化的方向发展。将计算机技术融入电气自动化控制体系，不仅可以实现工业产出的自动化，提升工业生产控制的准确度，还可以达到提升工作效率和节约人力、物力等目的。

（三）电气自动化技术基本原理

电气自动化技术得以实现的基础在于具备一个完善的电气自动化控制体系，主要设计思路集中于监控手段，具体包括现场总线监控和远程监控。整体来看，电气自动化控制体系中核心计算机的功能是处理、分析体系接受的所有信息，并对所有数据进行动态协调，完成相关数据的分类、处理和存储。由此可见，保证电气自动化控制体系正常运行的关键在于计算机系统正常运行。在实际操作过程中，计算机系统通过迅速处理大批量数据来完成电气自动化控制体系设定的目标。

启动电气自动化控制体系的方式有很多，具体操作时，需要根据实际情况进行选择。当电气自动化控制体系的功率较小时，可以采用直接启用的方式，以保证体系正常的启动和运行；当电气自动化控制体系的功率较大时，必须采用星形或三角形启用的方式，只有这样才能保证体系正常的启动和运行。此外，有时还可以采用变频调速的方式来启动电气自动化控制体系。实际上，无论采用哪种启动方式，只要能够确保电气自动化控制体系中的生产设施能够稳定、安全运行即可。

为了对不同的设备进行开关控制和操作，电气自动化控制体系将对厂用电源、发电机和变压器组等不同电气系统的控制纳入 ECS 监控的范畴，并构成了 220kV/500kV 的发变组 3 断路器出口。该断路器出口不仅支持手动控制电气自动化控制体系，还支持自动控制电气自动化控制体系。此外，电气自动化控制体系在调控系统的同时，还可以对高压厂用变压器、励磁变压器和发电组等保护程序加以控制。

（四）电气自动化技术的优缺点

1. 电气自动化技术的优点

电气自动化技术能够提高电气工程工作的效率和质量，并且使电气设备在发生故障时可以立刻发出报警信号，自动切断线路，增加电气工程的精确性和安全性。由此可见，电气自动化技术具有安全性、稳定性以及可信赖性的优点。与此同时，电气自动化技术可以使电气设备自动运行，相对于人工操作来说，这一技术大大节约了人力资本，减轻了工作人员的工作量。此外，电气自动化控制体系中还安装了 GPS 技术，能够准确定位故障所在处，以此保护电气设备的使用和电气自动化控制体系的正常运行，减少了不必要的损失。

2. 电气自动化技术的缺点

虽然电气自动化技术的优点有很多，但我们也不能忽视其存在的缺点。

电气自动化技术的缺点

（1）能源消耗现象严重

能源是电气自动化技术得以在各领域应用的基础。目前，能源消耗量过大是电气自动化技术表现出的主要缺点，造成这一缺点的主要原因有两个。第一，在电气自动化控制体系运行的过程中，相关部门对其监管的力度不够，使得电气自动化技术应用时缺少具体的能源使用标准，造成了极大的能源浪费；第二，大部分电气企业在选择电气设备时，仅仅追求电气设备的效率和产量，并未分析电气设备的能耗情况，导致生产过程中使用了能源消耗量极大的电气设备，并造成了能源的浪费。

能源消耗现象严重显然不符合我国节能减排的号召，长此以往，还将对工业的可持续性发展造成影响。因此，为了确保电气自动化技术的良好发展，必须提高相关人员的节能减排意识，从而提高电气自动化控制体系的能源使用效率。

（2）质量存在隐患

纵使当前电气自动化技术已发展得较为成熟，但该技术的质量管理水平方面依旧处于较低的水平。造成这一现象的主要原因在于，我国电气自动化技术的起步较晚，缺乏较为完善、合理的管理程序，导致大部分电气企业在应用电气自动化技术时，只侧重于对生产结果及生产效率的关注，忽视了该技术应用时的质量问题。

众所周知，一切有关电器、电力方面的技术和设备，其质量方面必须严格把关。如果此类技术和设备的质量控制水平较低，就极有可能会引发多种用电安全问题，如漏电、火灾等，从而造成严重的后果。由此可见，电气自动化技术和设备的质量问题值得社会各界重点关注。

（3）工作效率偏低

企业生产效率的高低取决于生产力水平的高低，因此我们必须对我国电气企业工作效率过低的问题予以高度重视。自改革开放至今，虽然我国电气自动化技术和电气工程取得了良好的成效，但是电气企业的整体经济收益与电气技术长期稳定的发展、企业熟练地运用电气自动化技术及电气工程技术存在直接关系，目前电气企业中存在电气自动化技术的使用范围较小、生产力水准较低以及使用方式当等问题，这是导致我国电气企业工作效率过低的重要因素。

（4）网络架构分散

除了以上缺点之外，电气自动化技术还具有网络架构较为分散的显著缺点。电气自动化技术不够统一的网络架构，使得电气自动化控制体系内各项技术的衔接不流畅，无法与商家生产的电器设备接口进行连接，从而影响了电气自动化技术在各领域的应用及发展。

实际上，如果不及时对电气自动化技术网络架构分散的缺点进行改善，很可能导致该技术止步于目前的发展状况，无法取得长远的发展。与此同时，由于我国电气企业在生产软硬件电气设备时，缺乏标准的程序接口设置，导致各个企业间生产的设置接口存在较大的差异，彼此无法共享信息数据，进而阻碍了电气自动化技术的发展。由此可见，我国电气企业要想进一步发展和提高自身生产的精确度和生产效率，就要基于当前的社会发展状况，构建统一的电气工程网络构架及规范该构架的标准。

（五）电气自动化技术的优化措施

1. 改善能源消费过剩问题

针对电气自动化技术能耗高的问题，作者认为可以从以下三个方面来解决：一是大力支持新能源技术的发展，新能源回收技术将在实践中得到检验；二是在电气自动化技术的设计过程中，根据技术设计标准，合理地引入节能设计，使电气自动化技术的应用不仅可以满足实际的技术要求，而且可以达到降低能耗的目的，真正实现节能减排；三是企业在采购电气设备时，应按照可持续发展的理念来选择新型节能电气设备，尽量减少生产过程中的能耗。

2. 加强质量控制

从前述电气自动化技术的缺点可以看出，电气自动化控制技术质量不高的主要原因是缺乏完善的质量管理体系。因此，电气企业在生产活动中应用电气自动化控制技术时，应按照相关的质量管理标准建立统一、完善的技术管理体系，并针对本企业的各项电气自动化控制技术，建立相应的质检部门，提高电气自动化控制技术在应用过程中的质量管理水平。

3. 建立兼容的网络结构

针对电气自动化技术网络架构不足的问题，电气企业应充分利用现有网络技术的优势，规范、完善电气自动化技术的网络结构。虽然因电气自动化技术的不兼容性，使得该技术的网络架构难以统一，但这并不意味着这个缺点不能改进。在这一方面，建立兼容的网络架构可以弥补电气自动化控制技术中通信的不足，实现系统中存储数据的自由交换，从而促进电气自动化技术的发展和提高。

二、电气自动化技术的影响因素

为了有效地发挥电气自动化技术在各个行业的作用，我们必须探寻与分析影响电气自动化技术发展的因素。为此，下面主要说明电气自动化控制技术的三个影响因素。

（一）电子信息技术发展产生的影响

信息技术是指人们管理和处理信息时采用的各类技术的总称，具体包含通信技术和计算机技术等，其主要目标是对有关技术和信息等方面进行显现、处理、存储和传感。现代信息技术，又称"现代电子信息技术"，是指为了获取不同内容的信息，运用计算机自动控制技术、通信技术等现代技术，对信息内容进行传输、控制、获取、处理等的技术。

如今，电子信息技术早已被人们熟知，它与电气自动化技术的关系十分紧密，相应的软件在电气自动化技术中得到了良好的应用，能够使电气自动化技术更加安全、可靠。当前，人们处于一个信息爆炸的时代，我们需要尽可能地构建出一套完整、有效的信息收集与处理体系，否则可能无法紧跟时代的步伐，与时代脱节。对此，电气自动化技术要想取得突破性的发展，就需要融入最新的电子信息技术，探寻电气自动化技术的可持续发展的路径，扩展其发展前景与发展空间。

综上所述，电子信息技术主要是在社会经济的不同范畴内运用的信息技术的总称。对于电气自动化技术而言，电子信息技术的发展可以为其提供优秀的工具基础，电子信息技术的创新可以推动电气自动化技术的发展；同时，不同学科范畴的电气自动化技术也可以反作用于电子信息技术的发展。

（二）物理科学技术发展产生的影响

20世纪下半叶，物理科学技术的发展有效地促进了电气自动化技术的发展。至此之后，物理科学技术与电气自动化技术的联系日益密切。总的来说，在电气自动化技术运用和发展的过程中，物理科学技术的发展起到了至关重要的作用。为此，政府和电气企业应该密切关注物理科学技术的发展，以避免电气自动化技术在发展的过程中出现违反现阶段物理科学技术的产物，阻碍电气自动化技术的良性发展。

（三）其他科学技术的进步所产生的影响

其他科学技术的不断发展推动了电子信息技术的快速发展和物理科学技术的不断进步，进而推动了电气自动化技术的快速发展。除此之外，现代科学技术的飞速发展以及分析方法的快速更新，直接推动电气自动化技术设计方法的日新月异。

第二节 电气自动化技术的衍生技术及其应用

一、电气自动化控制技术的应用

电气自动化控制技术作为一种现代化技术，在电力、家居、交通、农业等多个领域中都发挥着不可替代的作用，充分优化了人们的居住场所，为人们的生产和生活提供了极大的便利，使人们的生产和生活更加丰富多彩。

（一）电气自动化控制技术的发展特点

电气自动化控制技术是工业步入现代化的重要标志，是现代先进科学的核心技术。电气自动化控制技术可以大大降低人工劳动的强度，提高测量测试的准确性，增强信息传递的实时性，为生产过程提供技术支持，有效避免安全事故的发生，保证设备的安全运行。经过几十年的发展，电气自动化控制技术在我国取得了卓越的成效。目前，我国已形成中低档的电气自动化产品以国内企业为主，高中档的电气自动化产品以国外企业为主；大中型项目依靠国外电气自动化产品，中小型项目选择国内电气自动化产品的市场格局。

为了弥补电气自动化控制技术的不足与缺点，当前我国在电气自动化控制技术的发展过程中，应该重视通过这一技术的应用来较好地完成工作任务，即提升任务的完成度。现阶段，社会上的众多工作已经通过利用和开发电气自动化控制技术得到了全方位的优化。如果能够在工厂中全面实施电气自动化控制技术，那么工厂就可以实现在无人照看的状况下处理问题、生产产品、监督生产过程等环节，大大节省劳动力，有效地促进国民经济的发展。为了使电气自动化控制技术的发展更加多元化，我们应该站在长远发展的角度来促进电气自动化控制技术的发展。

1. 平台呈开放式发展

计算机系统对电气自动化控制技术的发展产生了重要的影响，而后 Mi-crosoft 的 Windows 平台的广泛应用，OPC 标准的产生（OLE for Process Control，是指用于过程控制的 OLE 工业标准）以及 IEC61131 标准的颁布，促进了电气自动化技术与控制技术的有效融合，促进了电气自动化控制系统的开放式发展。

实际上，电气自动化控制系统开放式发展的主要推动力是编程接口的标准化，而编程接口的标准化取决于 IEC61131 标准的广泛应用。IEC61131 标准使全世界 2000 余家 PLC 厂家、400 种 PLC 产品的编程接口趋于标准化，虽然使这些厂家和产品使用不同的编程语言和表达方式，但 IEC61131 标准也能对它们的语义和语法做出明确的规定。由此，IEC61131 标准成为国际化的标准，被各个电气自动化控制系统的生产厂家广泛应用。

目前，Windows 平台逐步成为控制工业自动化生产的标准平台，Internet Explore、Windows NT、Windows Embedded 等平台也逐渐成为控制工业自动化生产的标准语言、规范和平台。PC 和网络技术已经在企业管理和商业管理方面得到普及，基于 PC 的人机界面在电气自动化范畴中成为主流，越来越多的用户正在将 PC 作为电气自动化控制体系外化的基础。利用 Windows 平台作为操作电气自动化控制系统控制层的平台具备众多的优势，如简单集成自身与办公平台、方便维护运用等。

2. 通过现场总线技术连接

现场总线技术是指将智能设备和自动化系统的分支架构进行串联的通信总线，该总线具有数字化、双向传输的特点。在实际的应用过程中，现场总线技术可以利用串行电缆，将现场的马达启动器、低压断路器、远程 I/O 站、智能仪表、变频器和中央控制室中的控制/监控软件、工业计算机、PLC 的 CPU 等设施相连接，并将现场设施的信息汇入中央控制器中。

3. IT 技术与电气工业自动化发展

电气自动化控制技术的发展革命由 Internet 技术、PC、客户机/服务器体系结构和以太网技术引起。与此同时，广泛应用的电子商务、IT 平台与电气自动化控制技术的有效融合，也满足了市场的需要和信息技术渗透工业的要求。信息技术对工业世界的渗透包括两个独立的方面。第一，管理层的纵向渗透。借助融合了信息技术和市场信息的电气自动化控制系统，电气企业的业务数据处理体系可以及时存取现阶段企业的生产进程数据。第二，在电气自动化控制技术的系统、设施中横向融入信息技术。电气自动化控制系统在电气产品的不同层面已经高度融入了信息技术，不仅包含仪表和控制器，还包含执行器和传感器。

在自动化范畴内，多媒体技术和 Intranet/Internet 技术的使用前景十分广阔。电气企业的管理层可以通过浏览器获取企业内部的人事、财务管理数据，还可以监控现阶段生产进程的动态场景。

对于电气自动化产品而言，电气自动化控制系统中应用视频处理技术和虚拟现实技术可以对其生产过程进行有效的控制，如设计实施维护体系和人机界面等；应用微处理和微电子技术可以促进信息技术的改革，使以往具备准确定义的设备界定变得含糊不清，如控制体系、PLC 和控制设施。这样一来，与电气自动化控制系统有关的软件、组态情境、软件结构、通信水平等方面的性能都能得到显著的提升。

4. 信息集成化发展

电气自动化控制系统的信息集成化发展主要表现在以下两个方面。

一方面是管理层次方面。具体表现在电气自动化控制系统能够对企业的人力、物力和财力进行合理的配置，可以及时了解各个部门的工作进度。电气自动化控制系统能够帮助企业管理者实现高效管理，在发生重大事故时及时做出相应的决策。

另一方面是电气自动化控制技术的信息集成化发展。具体表现为：第一，研发先进的电气设施和对所控制机器进行改良，先进的技术能够使电气企业生产的产品更快得到社会的认可；第二，技术方面的拓展延伸，如引入新兴的微电子处理技术，这使得技术与软件匹配，并趋于和谐统一。

5. 具备分散控制系统

分散控制系统是以微处理器为主，加上微机分散控制系统，全面融合先进的 CRT 技术、计算机技术和通信技术而成的一种新型的计算机控制系统。在电气自动化生产的过程中，分散控制系统利用多台计算机来控制各个回路。这一控制系统的优势在于能够集中获取数据，并且同时对这些数据进行集中管理和实施重点监控。

随着计算机技术和信息技术的飞速发展，分散控制系统变得网络化和多元化，并且不同型号的分散控制系统可以同时并入电气自动化控制系统，彼此之间可以进行信息数据的交换，然后将不同分散控制系统的数据经过汇总后再并入互联网，与企业的管理系统连接起来。

分散控制系统的优点是，其控制功能可以分散在不同的计算机上实现，系统结构采取的是容错设计，即使将来出现某一台计算机瘫痪等故障，也不会影响整个系统的正常运行。如果采用特定的软件和专用的计算机，还能够提高电气自动化控制系统的稳定性。

分散控制系统的缺点是，系统模拟混合系统时会受到限制，从而导致系统仍然使用以往的传统仪表，使系统的可靠性降低，无法开展有效的维修工作；分散控制系统的价格较为昂贵；生产分散控制系统的厂家没有制定统一的标准，从而使维修的互换性受到影响。

6. Windows NT 和 IE 是标准语言规范

电气自动化控制系统的标准语言规范是 Windows NT 和 IE，在使用的过程中采用人机界面进行操作，并且实现网络化，使电气自动化控制系统更加智能化与网络化，从而使其更容易维护和管理。标准语言规范的应用，能够使电气自动化控制系统更易于维护，从而促进系统的有效兼容，促进系统的不断发展。此外，电气自动化控制系统拥有显著的集成性和灵活性，大批量的用户已经开始接受和使用人机交互界面，将标准的体系语言运用在这一系统中，可以为维修、处理该系统提供方便与便利。

（二）电气自动化控制技术发展原因分析

电气自动化控制技术不断发展、其应用范围不断扩大是社会发展的必然结果。随着计算机技术和信息技术的快速发展，电气自动化控制技术逐渐融入计算机技术和信息技术，并将其运用于电气自动化设备，以促进电气自动化设备性能的完善。电气自动化控制技术与计算机技术和信息技术的融合，是电气自动化控制技术逐步走向信息化的重要表现。实际上，电气自动化控制设备与电气自动化控制技术能够相结合的基础与前提是，计算机具备快速的反应能力，同时电气自动化设备具有较大的存储量。如此一来，这一技术及应用这一技术的系统形成了普遍的网络分布、智能的运作方式、快速的运行速度以及集成化的特征，电气自动化设备可以满足不同企业不同的生产需求。

在电气自动化控制技术发展的初期，这一技术由于缺乏较强的应用价值，缺乏功能多样性，没能在社会生产中发挥出其应有的价值。后来，随着电气自动化控制技术的成熟、功能的丰富，这一技术逐渐被人们广泛认可，其应用范围逐步扩大，为社会生产贡献了力量。

通过分析可以发现，电气自动化控制技术能够迅速发展并逐渐走向成熟主要有以下几点原因：第一，这一技术能够满足社会经济发展的需求；第二，这一技术能够借助智能控制技术、电子技术、网络技术和信息技术的发展来丰富自己，促使自己迅速发展；第三，由于电气自动化控制技术普遍应用于航空、医学、交通等领域，各高校为了顺应社会的发展，开设了电气自动化专业，培养了大量的优秀技术人员。正是由于以上原因，在我国经济快速发展的过程中，电气自动化控制技术获得了发展。

此外，我们还可以发现，电气自动化控制技术曾经发展困难的主要原因在于，工作人员的水平良莠不齐。对此，为了促进电气自动化控制技术的发展，相关的工作人员应该紧跟时代的发展步伐，积极学习电气自动化控制技术，并对电气自动化控制技术进行优化。

（三）应用电气自动化控制技术的意义

电气自动化控制技术是顺应社会发展潮流而出现的，其可以促进经济发展，是现代化生产所必需的技术之一。当今的电气企业中，为了扩大生产投入了大量的电气设施，这样不仅导致工作量巨大，而且导致工作过程十分复杂和烦琐。出于成本等方面的考虑，一般电气设备的工作周期很长、工作速度很快。为了确保电气设备的稳定、安全运行，同时为了促进电气企业的优质管理，电气企业应该有效地促进电气设备和电气自动化控制系统的融合，并充分发挥电气设备具备的优秀特性。

应用电气自动化控制技术的意义表现在以下三个方面。第一，电气自动化控制技术的应用实现了社会生产的信息化建设。信息技术的快速发展实现了电气自动化控制技术在各行各业的完美渗透，大力推动了电气自动化控制技术的发展。第二，电气自动化控制技术的应用使电气设备的使用、维护和检修更加方便快捷。利用 Windows 平台，电气自动化控制技术可以实现控制系统的故障自动检测与维护，提升了该系统的应用范围。第三，电气自动化控制技术的应用实现了分布式控制系统的广泛应用。通过连接系统实现了中央控制室、PLC、计算机、工业生产设备以及智能设备等设备的结合，并将工业生产体系中的各种设备与控制系统连接到中央控制系统中进行集中控制与科学管理，降低了生产事故的发生概率，并有效地提升了工业生产的效率，实现了工业生产的智能化和自动化管理。

（四）应用电气自动化控制技术的建议

作者经过研究发现，大多数运用电气自动化控制技术的企业都是将电气自动化控制技术当作一种顺序控制器使用，这也是实际的生活、生产中使用电气自动化控制技术的常见方法。例如，火力发电厂运用电气自动化控制技术可以有效地清理炉渣与飞灰。但是，在电气自动化控制技术被当作顺序控制器使用的情况下，如果控制系统无法有效地发挥自身的功能，电气设备的生产效率也会随之下降。对此，相关工作人员应该合理、有效地组建和设计电气自动化控制系统，确保电气自动化控制技术可以在顺序控制中有效地发挥自身的效能。一般来说，电气自动化控制技术包含三个主要部分：一是远程控制；二是现场传感；三是主站层。以上部分紧密结合，缺一不可，为电气自动化控制技术顺序控制效能的充分发挥提供了保障。

电气自动化控制技术在应用时应达到的目标是：虚拟继电器运行过程需要电气控制以可编程存储器的身份进行参与。通常情形下，继电器开始通断控制时，需要较长的反应时间，这意味着继电器难以在短路保护期间得到有效控制。对此，电气企业要实施有效的改善方法，如将自动切换系统和相关技术结合起来，从而提高电气自动化控制系统的运行速度，该方法体现了电气自动化控制技术在开关调控方面所发挥的应用效果。

电气自动化控制技术得以发展的主要原因是，普遍运用 Windows 平台、OPC 标准、IEC61131 标准等。与此同时，由于经济市场的需要，IT 技术与电气自动化控制技术的有效结合是大势所趋，且电子商务的发展进一步促进了电气自动化控制技术的发展。在此过程中，相关工作人员自身的专业性决定了电气自动化控制体系的集成性与智能性，并且它对操作电气自动化控制体系的工作人员提出了较高的专业要求。对此，电气企业必须加强对操作电气设备工作人员的培训，加深相关工作人员对电气自动化控制技术和系统的充分认识。与此同时，电气企业还要加强对安装电气设备的培训，使相关工作人员对电气设备的安装有所了解。此外，对于没有接触过新型电气自动化控制技术、新型电气设备的工作人员和电气企业而言，只有实行科学合理的培训才能够促进人员和企业的专业性发展。综上，电气企业必须重视提升工作人员的操作技术水准，确保每一位技术工作人员都掌握操控体系的软硬件，以及维修保养、具体技术要领等知识，以此提高电气自动化控制系统的靠性和安全性。

目前，我国电气自动化控制技术的应用方面存在较多问题，对此，人们应给予电气自动化足够的重视，加强电气自动化控制技术方面的研究，提高电气设备的生产率。为了达成有效应用电气自动化控制技术的目的，提出以下建议。

第一，要以电气工程的自动化控制要求为基本，加大技术研发力度，组织专业的专家和学者对各种各样的实践案例进行分析，总结电气工程自动化调控理论研究的成果，为电气自动化控制技术的应用提供明确的方向和思路。

第二，要对电气工程自动化的设计人员进行培训，举办专门的技术训练活动，鼓励设计人员努力学习电气自动化控制技术，从而使其可以根据实际需求情况，在电气自动化控制技术应用的过程中获得技术支持。

第三，要快速构建规范的电气自动化控制技术标准，使其在电气行业内起到标杆的作用，为电气自动化控制技术的信息化发展提供有力保障，从而确保统一、规范的行业技术应用。

第四，要实现电气自动化控制技术的使用企业与设计单位全面的信息交流沟通，以此达到其设计或应用的电气自动化控制系统能够达到预定的目标。

第五，如果电气自动化控制系统的工作环境相对较差，有诸如电波干扰之类的影响，企业相关负责人要设置一些抗干扰装置，以此保障电气自动化控制系统的正常运行，从而使其功能得到最大的发挥。

（五）电气自动化控制技术未来的发展方向

电气自动化控制技术目前的研究重点是，实现分散控制系统的有效应用，确保电气自动化控制体系中不同的智能模块能够单独工作，使整个体系具备信息化、外布式和开放化的分散结构。其中，信息化是指能够整体处理体系信息，与网络结合达到管控一体化和网络自动化的水平；外布式是一种能够确保网络中每个智能模块独立工作的网络，该结构能够达到分散系统危险的目的；开放化则是系统结构具有与外界的接口，实现系统与外界网络的连接。

在现代社会工业生产的过程中，电气自动化控制技术具备广阔的发展前景，逐渐成为工业生产过程中的核心技术。作者在研究与查阅大量文献资料后，将电气自动化控制技术未来的发展方向归纳为以下三个方面。第一，人工智能技术的快速发展促进了电气自动化控制技术的发展，在未来社会中，工业机器人必定会逐步转化为智能机器人，电气自动化控制技术必将全面提高智能化的控制质量；第二，电气自动化控制技术正在逐步向集成化方向发展，未来社会中，电气行业的发展方向必定是研发出具备稳定工作性能的、空间占用率较小的电气自动化控制体系；第三，电气自动化控制技术随着信息技术的快速发展正在迈向高速化发展道路，为了向国内的工业生产提供科学合理的技术扶持，工作人员应该研发出具备控制错误率较低、控制速度较快、工作性能稳定等特征的电气自动化控制体系。

相信以上做法的实现可以促进电气产品从"中国制造"向"中国创造"的转变，开创出电气自动化控制技术的新的应用局面。在促进电气自动化控制技术创新的过程中，电气企业应该在维持自身产品价格竞争的同时，探索电气自动化控制技术科学、合理的发展路径，并将高新技术引入其中。此外，为了促进电气自动化控制技术的有效改革，电气企业应该根据国家、地区、行业和部门的实际要求，在达成全球化、现代化、国际化的进程中贯彻落实科学发展观，通过全方位实施可持续发展战略，掌握科学发展观的精神实质和主要含义，归纳、总结应用电气自动化控制技术过程中的经验教训，协调自身的发展思路和观念，最后通过科学发展观的实际需求，使自身的行为举止和思维方式得到切实统一。

总的来说，电气自动化控制技术未来的发展方向包括以下几方面，具体分析如下。

1. 不断提高自主创新能力（智能化）

智能家电、智能手机、智能办公系统的出现大大方便了人们的日常生活。据此可知，电气自动化控制技术的主要发展方向就是智能化。只有将智能化融入电气自动化控制技术中，才能够满足人们智能化生活的需求。根据市场的导向，研究人员要对电气自动化控制技术做出符合市场实际需求的改变和规划。另外，鉴于每个行业对电气自动化控制技术的要求不同，研究人员还需要随时调整电气自动化控制技术，使电气自动化控制技术根据不同的行业特征，达到提升生产效率、减少投资成本的功效，从而增加企业的经营利润。

随着人工智能的出现，电气自动化控制技术的应用范围更大。虽然现在很多电气生产企业都已经应用了电气自动化控制技术来代替员工工作，减少了用工人数，但在自动化生产线的运行过程中，仍有一部分工作需要人工来完成。若是结合人工智能来研发电气自动化控制系统，就可以再次降低企业对员工的需要，提高生产效率，解放劳动力。由此可见，电气自动化控制技术未来的发展一定是朝着智能化方向发展。

对于电气自动化产品而言，因为越来越多的企业实施电气自动化控制，所以其在市场中占据的份额越来越大。电气自动化产品的生产厂商如果优化自身的产品、创新生产技术，就可以获取巨大的经济效益。对此，电气自动化产品的生产厂商应该积极主动地研发、创新智能化的电气自动化产品，提升自身的创新水平；优化自身的体系维护工作，为企业提供强有力的保障，促进企业的全面发展。

2. 电气自动化企业加大人才要求（专业化）

要想促进电气行业的合理发展，电气企业应该加强对提升内部工作人员整体素养的重视，提高员工对电气自动化控制技术掌握的水平。为此，电气企业必须经常对员工进行培训，培训的重点内容即专业技术，以此实现员工技能与企业实力的同步增长。随着电气行业的快速发展，电气人才的需求量缺口不断扩大。虽然高等院校不断加大电气自动化专业人才的培养力度，以填补市场专业型人才的巨大缺口，但实际上，因高校培养的电气自动化人才的素质有所欠缺，所以电气自动化专业毕业生就业难和电气自动化企业招聘难的"两难"问题依旧突出。对此，高校必须加强人才培养力度，培养专业的电气自动化人才。

针对电气自动化控制系统的安装和设计过程，电气企业要经常对技术人员进行培训，以此提高技术人员的素质，同时，要注意扩大培训规模，以使维修人员的操作技术更加娴熟，从而推动电气自动化控制技术朝着专业化的方向大步前进。此外，随着技术培训的不断增多，实际操作系统的工作人员的工作效率大大提升，培训流程的严格化、专业化还可以提高员工的维修和养护技术，加快员工今后排除故障、查明原因的速度。

3. 电气自动化控制平台逐渐统一（统一化和集成化）

（1）统一化发展

电气自动化控制技术在各个行业的实施和应用是通过计算机平台来实现的。这就要求计算机软件和硬件有确切的标准和规格，如果规格和标准不明确就会导致电气自动化控制系统和计算机软硬件出现问题，导致电气自动化系统无法正常运行。同样，如果发生计算机软硬件与电气自动化装置接口不统一的情况，就会使装置的启动、运行受到阻碍，无法发挥利用电气自动化设备调控生产的作用。因此，电气自动化装置的接口务必要与电气设备的接口相统一，这样才能发挥电气自动化控制系统的兼容性能。另外，我国针对电气自动化控制系统的软硬件还没有制定统一的标准，这就需要电气生产厂家与电气企业协同合作，在设备开发的过程中统一标准，使电气产品能够达到生产要求，提高工作效率。

（2）集成化发展

电气自动化控制技术除了朝着智能化方向发展外，还会朝着高度集成化的方向发展。近年来，全球范围内的科技水平都在迅速提高，很多新的科学技术不断与电气自动化控制技术相结合，为电气自动化控制技术的创新和发展提供了条件。未来电气自动化控制技术必将集成更多的科学技术，这不仅可以使其功能更丰富、安全性更高、适用范围更广，还可以大大缩小电气设备的占地面积，提高生产效率，降低企业的生产成本。与此同时，电气自动化控制技术朝着高度集成化的方向发展对自动化制造业有极大的促进作用，可以缩短生产周期，并且有利于设备的统一养护和维修，有利于实现控制系统的独立化发展。

综上所述，未来电气自动化控制技术必然会朝着统一化、集成化的方向发展，这样能够减少生产时间，降低生产成本，提高劳动力的生产效率。当然，为了使电气自动化控制平台能够朝着统一化、集成化的方向发展，电气企业需要根据客户的需求，在开发时采用统一的代码。

4. 电气自动化技术层次的突破（创新化）

随着电气自动化控制技术的不断进步，电气工程也在迅猛发展，技术环境也日益开放，设备接口也朝着标准化方向飞速前进。实际上，以上改变对企业之间的信息交流沟通有极大的促进作用，方便了不同企业间进行信息数据的交换活动，克服了通信方面存在的一些障碍。通过对我国电气自动化控制技术的发展现状分析可知，未来我国电气自动化控制技术的水平会不断提高，达到国际先进水平，逐渐提高我国电气自动化控制技术的国际知名度，提升我国的经济效益。

虽然现在我国电气自动化控制技术的发展速度很快，但与发达国家相比还有一定的差距，我国电气自动化控制技术距离完全成熟阶段还有一段距离，具体表现为信息无法共享，致使电气自动化控制技术应有的功能不能完全发挥出来，而数据的共享需要依靠网络来实现，但是我国电气企业的网络环境还不完善。不仅如此，由于电气自动化控制体系需要共享的数据量很大，若没有网络的支持，当数据库出现故障时，就会致使整个系统停止运转。为了避免这种情况的发生，加大网络的支持力度显得尤为重要。

当前，技术市场越来越开放，面对越来越激烈的行业竞争，各个企业为了适应市场变化，不断加大对电气自动化控制技术的创新力度，注重自主研发自动化控制系统，同时特别注重培养创新型人才，并取得了一定的成绩。实际上，企业在增强自身综合竞争力的同时，也在不断促进电气自动化控制技术的发展和创新，还为电气工程的持续发展提供技术层次上的支撑和智力层次上的保障。由此可见，电气自动化控制技术未来的发展方向必然包括电气自动化技术层面的创新，即创新化发展。

5. 不断提高电气自动化技术的安全性（安全化）

电气自动化控制技术要想快速、健康的发展，不仅需要网络的支持，还需要安全方面的保障。如今，电气自动化企业越来越多，大多数安全意识较强的企业选择使用安全系数较高的电气自动化产品，这也促使相关的生产厂商开始重视产品的安全性。现在，我国工业经济正处于转型的关键时期，而新型的工业化发展道路是建立在越来越成熟的电气自动化控制技术的基础上的。换言之，电气自动化控制技术趋于安全化才能更好地实现其促进经济发展的功能。为了实现这一目标，研究人员可以通过科学分析电力市场的发展趋势，逐渐降低电气自动化控制技术的市场风险，防患于未然。

此外，由于电气自动化产品在人们的日常生活中越来越普及，电气企业确保电气自动化产品的安全性，避免任何意外的发生，保证整个电气自动化控制体系的正常运行。

6. 逐步开放化发展（开放化）

随着科学技术的不断发展和进步，研究人员逐渐将计算机技术融入电气自动化控制技术中，这大大加快了电气自动化控制技术的开放化发展。现实生活中，许多企业在内部的运营管理中也运用了电气自动化控制技术，主要表现在对 ERP 系统的集成管理概念的推广和实施上。ERP 系统是企业资源计划（Enterprise Resource Planning）的简称，是指建立在信息技术基础上，集信息技术与先进管理思想于一身，以系统化的管理思想，为企业员工及决策层提供决策手段的管理平台。一方面，企业内部的一些管理控制系统可以将 ERP 系统与电气自动化控制系统相结合后使用，以此促进管理控制系统更加快速、有效地获得所需数据，为企业提供更为优质的管理服务；另一方面，ERP 系统的使用能够使传输速率平稳增加，使部门间的交流畅通无阻，使工作效率明显提高。由此可见，电气自动化控制技术结合网络技术、多媒体技术后，会朝着更为开放化的方向发展，使更多类型的自动化调控功能得以实现。

二、电气自动化节能技术的应用

（一）电气自动化节能技术概述

作为电气自动专业的新兴技术，电气自动化节能技术不断发展，已经与人们的日常生活及工业生产密切相关。它的出现不但使企业运行成本降低、工作效率提升，还使劳动人员的劳动条件和劳动生产率得以改善。近年来，"节能环保"逐渐被提上日程。根据世界未来经济发展的趋势可知，要想掌控世界经济的未来，就要掌握有关节能的高新产业技术。对于电气自动化系统来说，随着城市电网的逐步扩展，电力持续增容，整流器、变频器等使用频率越来越高，这会产生很多谐波，使电网的安全受到威胁。要想清除谐波，就要以节能为出发点，从降低电路的传输消耗、补偿无功，选择优质的变压器使用有源滤波器等方面入手，从而使电气自动化控制系统实现节能的目的。基于此，电气自动化节能技术应运而生。

（二）电气自动化节能技术的应用设计

电气设备的合理设计是电力工程实现节能目的的前提条件，优质的规划设计为电力工程今后的节能工作打下了坚实的基础。为使读者对电气自动化节能技术有更加深入的了解，下面具体阐述其应用设计。

1. 为优化配电的设计

在电气工程中，许多装置都需要电力来驱动，电力系统就是电气工程顺利实施的动力保障。因此，电力系统首先要满足用电装置对负荷容量的要求，并且提供安全、稳定的供电设备以及相应的调控方式。配电时，电气设备和用电设备不仅要达到既定的规划目标，而且要有可靠、灵活、易控、稳妥、高效的电力保障系统，还要考虑配电规划中电力系统的安全性和稳定性。

此外，要想设计安全的电气系统，首先，要使用绝缘性能较好的导线，施工时还要确保每个导线间有一定的绝缘间距；其次，要保障导线的热稳定、负荷能力和动态稳定性，使电气系统使用期间的配电装置及用电设备能够安全运行；最后，电气系统还要安装防雷装置及接地装置。

2. 为提高运行效率的设计

选取电气自动化控制系统的设备时，应尽量选择节能设备，电气系统的节能工作要从工程的设计初期做起。此外，为了实现电气系统的节能作用，可以采取减少电路损耗、补偿无功、均衡负荷等方法。例如，配电时通过设定科学合理的设计系数实现负荷量的适当。组配及使用电气系统时，通过采用以上方法，可以有效地提升设备的运行效率及电源的综合利用率，从而直接或者间接地降低耗电量。

（三）电气系统中的电气自动化节能技术

1. 降低电能的传输消耗

功率损耗是由导线传输电流时因电阻而导致损失功耗。导线传输的电流是不变的，如果要减少电流在线路传输时的消耗，就要减少导线的电阻。导线的电阻与导线的长度成正比，与导线的横截面积则成反比，具体公式如下：

$$R = \rho \frac{L}{S} \tag{6-1}$$

式中：R——导线的电阻，其单位是 Ω；

ρ——电阻率，其单位是 $\Omega \cdot m$；

L——导线的长度，其单位是 m；

S——导线的横截面积，其单位是 m^2。

由式（6-1）可知，要想使导线的电阻 R 减小，可以有以下几种方法：第一，在选取导线时选择电阻率 ρ 较小的材质，这样就能有效地减少电能的电路损耗；第二，在进行线路布置时，导线要尽量走直线而避免过多的曲折路径，从而缩短导线的长度 L；第三，变压器安装在负荷中心附近，从而缩短供电的距离；第四，加大导线的横截面积，即选用横截面积 S 较大的导线来减小电阻 R，从而达到节能的目的。

2. 选取变压器

在电气自动化节能技术中选择合适的变压器至关重要。一般来说，变压器的选择需要满足以下要求。第一，变压器是节能型产品，这样变压器的有功功率的耗损才会降低；第二，为了使三相电的电流在使用中要保持平稳，就需要变压器减少自身的耗损。为了使三相电的电流保持平稳，经常会采用以下手段：单相自动补偿设备、三相四线制的供电方式、将单相用电设备对应连接在三相电源上等。

3. 无功补偿

无功功率是指在具有电抗的交流电路中，电场或磁场在一周期的一部分时间内从电源吸收能量，另一部分时间则释放能量，在整个周期内平均功率是 0，但能量在电源和电抗元件（电容、电感）之间不停地交换。交换率的最大值即为无功功率。有功功率 P、无功功率 Q、视在功率 S 的计算公式分别如下：

$$P = IU\cos\varphi \qquad (6-2)$$

$$Q = IU\sin\varphi \qquad (6-3)$$

$$P^2 + Q^2 = S^2 \qquad (6-4)$$

式中：I——电流，其单位为 A；

U——电压，其单位为 V；

φ——电压与电流之间的夹角，其单位为°；

P——无功功率，其单位为 Var；

$\cos\varphi$——功率因数，即有功功率 P 与视在功率 S 的比值。

由于无功功率在电力系统的供配电装置中占有很大的一部分容量，导致线路的耗损增大，电网的电压不足，从而使电网的经济运行及电能质量受到损害。对于普通用户来说，功率因数较低是无功功率的直接呈现方式，如果功率因数低于 0.9，供电部门就会向用户收取相应的罚金，这就造成用户的用电成本增加，损害经济利益。如果使用合适的无功补偿设备，那么就可以实现无功就地平衡，提高功率因数。这样一来，就可以达到提升电能品质、稳定系统电压、减少消耗等目标，进而提高社会效益和经济利润。例如，在受导电抗的作用下，电机会发出的交流电压和交流电流不为零，导致电器不能全部接收电机所发出的电能，在电器和电机之间不能被接收的电能进行来回流动得不到释放。又因为电容器产生的是超前的无功，所以无功率的电能与使用的电容器补偿之间能进行相互消除。

综上所述，这三种方式是电气系统中的电气自动化节能技术的应用及其原理，可以达到节省能源、减少能耗的目的。

三、电气自动化监控技术的应用

（一）电气自动化监控系统的基本组成

将各类检测、监控与保护装置结合并统一后就构成了电气自动化监控系统。目前，我国很多电厂的监控系统多采用传统、落后的电气监控体系，自动化水平较低，不能同时监控多台设备，不能满足电厂监控的实际需要。基于此，电气自动化监控技术应运而生，这一技术的出现很好地弥补了传统监控系统的不足。下面具体阐述电气自动化监控系统的基本组成。

1. 间隔层

在电气自动化监控系统的间隔层中，各种设备在运行时常常被分层间隔，并且在开关层中还安装了监控部件和保护组件。这样一来，设备间的相互影响可以降到最低，很好地保护了设备运行的独立性。而且，电气自动化监控系统的间隔层减少了二次接线的用量，这样做不仅降低了设备维护的次数，还节省了很多资金。

2. 过程层

电气自动化监控系统的过程层主要是由通信设备、中继器、交换装置等部件构成的。过程层可以依靠网络通信实现各个设备间的信息传输，为站内信息进行共享提供极好的条件。

3. 站控层

电气自动化监控系统的站控层主要采用分布开发结构，其主要功能是独立监控电厂的设备。站控层是发挥电气自动化监控技术监控功能的主要组成部分。

(二) 应用电气自动化监控技术的意义

1. 市场经济意义

电气自动化企业采用电气自动化监控技术可以显著提升设备的利用率，加强市场与电气自动化企业间的联系，推动电气自动化企业的发展。从经济利益方面来说，电气自动化监控技术的出现和发展，极大地改变了电气自动化企业传统的经营和管理方式，提高了电气自动化企业对生产状况的监控方式和水平，使得多种成本资源的利用更加合理。应用电气自动化监控技术不仅提升了资源利用率，还促进了电气自动化企业的现代化发展，从而使企业达成社会效益和企业经济效益的双赢。

2. 生产能力意义

电气自动化企业的实际生产需要运用多门学科的知识，而要切实提高生产力，离不开先进科技的大力支持。将电气自动化监控技术应用到电气自动化企业的实际运营中，不仅降低了工人的劳动强度，还提高了企业整体的运行效率，避免了由于问题发现不及时而造成的问题。与此同时，随着电气自动化监控技术的应用，电气自动化企业劳动力减少，对于新科技、科研方面的投资力度加大，使电气自动化企业整体形成了良性循环，推动电气自动化企业整体进步。对此，需要注意的是，企业的管理人员必须了解电气自动化监控技术的实际应用情况，对电厂的发展做出科学的规划，以此体现电气自动化监控技术的向导作用。

(三) 电气自动化监控技术在电厂的实际应用

1. 自动化监控模式

目前，电厂中经常使用的自动化监控模式分为两种：一是分层分布式监控模式，二是集中式监控模式。

分层分布式监控模式的操作方式为：电气自动化监控系统的间隔层中使用电气装置实施阻隔分离，并且在设备外部装配了保护和监控设备；电气自动化监控系统的网络通信层配备了光纤等装置，用来收取主要的基本信息，信息分析时要坚决依照相关程序进行规约变换；最后把信息所含有的指令传送出去，此时电气自动化监控系统的站控层负责对过程层和间隔层的运作进行管理。

集中式监控模式是指电气自动化监控系统对电厂内的全部设备实行统一管理，其主要方式是：利用电气自动化监控把较强的信号转化为较弱的信号，再把信号通过电缆输入终端管理系统，使构成的电气自动化监控系统具有分布式的特征，从而实现对全厂进行及时监控。

2. 关键技术

（1）网络通信技术

应用网络通信技术主要通过光缆或者光纤来实现，另外还可以借助利用现场总线技术实现通信。虽然这种技术具备较强的通信能力，但是它会对电厂的监控造成影响，并且限制电气自动化监控系统的有序运作，不利于自动监控目标的实现。实际上，如今还有很多电厂仍在应用这种技术。

（2）监控主站技术

这一技术一般应用于管理过程和设备监控中。应用这一技术能够对各种装置进行合理的监控和管理，能够及时发现装置运行过程中存在的问题和需要改善的地方。针对主站配置来说，需要依据发电机的实际容量来确定，不管发电机是哪种类型的，都会对主站配置产生影响。

（3）终端监控技术

终端监控技术主要应用在电气自动化监控系统的间隔层中，它的作用是对设备进行检测和保护。当电气自动化监控系统检验设备时，借助终端监控技术不仅能够确保电厂的安全运行，还能够提升电厂的可靠性和稳定性。这一技术在电厂的电气自动化监控系统中具有非常重要的作用，随着电厂的持续发展，这一技术将被不断完善，不仅要适应电厂进步的要求，还要增加自身的灵活性和可靠性。

（4）电气自动化相关技术

电气自动化相关技术经常被用于电厂的技术开发中，这一技术的应用可以减少工作人员在工作时出现的严重失误。要想对这一技术进行持续的完善和提高，主要从以下几个方面开展。

第一，监控系统。初步配置电气自动化监控系统的电源时，要使用直流电源和交流电源，而且两种电源缺一不可。如果电气自动化监控系统需要放置于外部环境中，则要将对应的自动化设备调节到双电源的模式，此外需要依照国家的相关规定和标准进行电气自动化监控系统的装配，以此确保电气自动化监控系统中所有设备能够运行。

第二，确保开关端口与所要交换信息的内容相对应。绝大多数电厂通常会在电气自动化监控系统使用固定的开关接口，因此，设备需要在正常运行的过程中所有开关接口能够与对应信息相符。这样一来，整个电气自动化监控系统设计就十分简单，即使以后线路出现故障，也可以很方便地进行维修。但是，这种设计会使用大量的线路，给整个电气自动化监控系统制造很大的负担，如果不能快速调节就会降低系统的准确性。此外，电厂应用时要对自应监控系统与自动化监控系统间的关系进行确定，分清主次关系，坚持以自动化监控系统为主的准则，使电厂的监控体系形成链式结构。

第三，准确运用分析数据。在使用自动化系统的过程中，需要运用数据信息对对应的事故和时间进行分析。但是，由于使用不同电机，产生的影响会存在一定的差异，最终的数据信息内容会欠缺准确性和针对性，无法有效地反映实际、客观状况的影响。

第三节　电气自动化技术的应用

电气自动化技术是推动现代社会飞速进步的核心技术，是企业快速实现工业化的先决条件。目前，大部分企业的电气自动化水平得到了大幅度的提升，企业逐步进入综合电气自动化发展的新时代，而电气自动化技术的应用在此过程中起着决定性的作用。当前，电气自动化技术涉及的操控精密程度及智能化程度逐步提升，这一技术逐渐朝着知识密集化、功能多样化和集成化的方向发展。

我国是工业大国，电气自动化技术的发展及应用推动了电气工程的现代化发展，也为提高电气工程的运行效率、转变其工作方式提供了重要的保障。近年来，电气自动化技术在不同领域取得了诸多卓越的应用成效，充分发挥了电气自动化技术在电气工程领域的应用价值。为了扩大电气自动化技术的应用范围，深化电气自动化技术的应用效果，我们有必要对电气自动化技术在不同领域的应用进行研究，这也是提高电气自动化技术应用价值的重要基础。

现阶段的电气自动化技术集成了现代很多高端的科学技术，包括信息技术、电子技术、计算机技术、智能控制等，并将这些先进技术有效地融为一体，使电气自动化技术具有更多的功能、操作更加简便、应用范围更广，如可以应用于军事工业、建筑业、生产企业等领域。其中，计算机技术的不断成熟与发展，为电气自动化技术水平的提高创造了条件，促进了电气自动化控制系统的优化调整，使其可以更有效地监控管理生产设备，提高当代企业的自动化程度。下面就电气自动化技术的应用实例进行研究。

一、电气自动化技术在工业领域的具体应用

20世纪中叶，随着互联网技术、电子信息技术的发展，电气自动化技术初步应用于社会生产治理方面。至今为止，工业电气自动化技术的发展日益成熟，并通过自身的发展，

对人们的生产和生活产生了重要的影响，对电子信息时代的发展具有划时代意义。随着信息化时代的到来，人们的生产和生活理念逐渐转变，逐步对工业电气行业的发展提出了更高的要求，工业电气自动化控制系统必须进行科学合理的革新。与此同时，持续优化的电气自动化技术成为工业电气自动化控制系统发展的必然趋向，可以促进我国社会经济的高速发展，促进我国的繁荣兴旺。

（一）电气自动化技术在工业领域应用的发展策略

1. 统一电气自动化控制系统的标准

要想将电气自动化技术应用于工业，应该制定标准化的对接服务程序接口。为了促进生产部门间的信息共享、数据传送、信息沟通交流，简化工业电气自动化应用程序，降低有关工作者的劳动量，节省工业生产成本及电气自动化控制系统的运作时间，应该在应用电气自动化技术的过程中，应用现代计算机技术及其他有关的技术标准准则。例如，对接企业的 EMS 体系时，可以利用计算机技术和电气自动化技术对企业生产过程中遇到的问题进行科学、合理的解决，统一办公环境的操作规范。与此同时，对于程序架构间存在的输送信息问题，可以利用统一的电气自动化控制系统标准，促进对电气自动化标准管理程序的建设。综上所述，未来工业电气自动化技术的发展可以将使用统一的电气自动化控制系统标准作为重点。

2. 架构科学的网络体系

为了实现企业管理系统与计算机监控系统间的信息传输和数据交换，可以利用辅助作用以实现现场系统设施的有效运作、网络系统的科学架构，促进工业电气自动化技术朝着现代化、规范化、健康化的方向发展。与此同时，为了提升企业的管理效果，企业管理者可以借助网络监制技术来实时监控现场体系设施的具体操作状况。此外，为了使电气自动化控制系统的作用得到充分的发挥，应该对工业电气自动化控制系统进行优化，构建合理的网络系统，借助计算机技术的高速发展来建设信息数据处理平台，为工业生产治理的良性发展营造优良的环境。

3. 完善电气自动化控制系统的工业应用平台

为了促进电气自动化控制系统的服务应用、标准设计等的发展，推动工业电气自动化控制系统应用平台的优化，应该建设统一、健康、规范化的工业应用平台。优质的工业电气自动化控制系统的应用平台可以有效地节省工业生产过程中使用电气设备的经济成本，满足用户的个性化要求，提高电气设备的整体应用效率和服务效率，辅助电气自动化控制系统各个环节的有效开展，为操作、应用工业电气自动化控制系统提供良好的保障和支持。

此外，为了促进工业目标的实现，应该根据工业工程中用户的实际要求、目的、实际状况等方面，利用计算机操作体系中的 NT 软件和计算机系统中的 CE 体系，开展实际的代码应用。

（二）电气自动化技术在工业领域应用的意义

提升市场经济的生产效能，促进市场经济的快速发展，是在工业领域应用电气自动化技术的实际意义。将电气自动化技术应用于工业领域，不仅能够最大限度地发挥各种电气设备的应用价值，还能对工业电气自动化技术连接电气市场、创建工业电气治理体系等方面进行高效强化，从而利用完善的体制为工业电气自动化控制系统的迅速发展提供保障，有效地提高工业电气市场的实际经济收益。为了提升市场经济的生产效能，降低工业生产过程中的人工成本费用，提高工业生产的效能，促进工业生产体系的稳定发展，可以利用工业电气自动化技术，科学地控制工业成本，有效地改善市场资源配置，强化电气自动化控制系统的监控、管理功能，以此向生产管理者提供准确的决策依据。

为了获取良好的社会效益和经济效益，可以利用工业电气自动化技术降低国防、工业和农业方面的成本费用，节约资源。在促进国民经济发展的过程中，也可以利用工业电气自动化技术，提高经济效益，缩小我国与其他发达国家之间的差距。与此同时，国内应用工业电气自动化技术的企业应该明确创新技术的主导位置，研发优质的电气自动化控制系统和产品，合理优化自身的体制和机制，不断提升自身的创新能力。此外，为了促进国内工业电气自动化技术水平的提高，转变企业的经济增长方式，应将科学发展观作为指导理念，学习国外优秀的经验和技术，以人为本，充分发挥人们的主动性，强化国内工业电气自动化控制系统的规范化、标准化生产。

社会各界对工业电气自动化技术的关注不断增加。对此，我们应该制定并规范国内电气自动化技术的相关标准，以促进工业电气自动化生产的规范化和规模化；应该对电气自动化技术的环境策略、体制和机制进行优化，为企业提供合理的发展空间，使企业自觉优化电气自动化产品和体系；提升国内工业电气自动化技术的创新水平，促进电气自动化技术的发展，最终实现工业电气自动化生产扩大企业经济效益和社会效益的目的。

（三）电气自动化技术在工业领域的应用实例

由于计算机技术和电子技术的融入，电气自动化技术具有精准、简单、可靠、安全、节能等优点，这些优点使得这一技术被广泛应用于各个领域。

1. 电气自动化技术在炼钢行业中的应用

电气自动化技术在炼钢行业中最典型的应用例子就是高炉鼓风机，下面将对其特点、功能、作用进行说明。高炉鼓风机因其比较可靠的生产系统和稳定的生产能力，成为炼钢行业的一种新型的自动化设备。高炉鼓风机可以提取高含量的铁水、提升钢水的提取量的优点，其缺点是一旦高炉鼓风机出现问题，其维修时间长、维修成本高，会给企业带来较大的损失。而电气自动化技术在炼钢行业的应用对高炉鼓风机的低压跳闸二次控制电源和瞬时断电的电气控制技术进行了改造，有效地提高了高炉鼓风机的工作效率，提高了其生产的稳定性，促进了钢铁生产技术的提高和钢铁行业的发展。

2. 电气自动化技术在环保行业中的应用

利用电气自动化技术减轻环境污染是国家防治污染的手段之一，其中脱硫工程就是最典型的应用实例。脱硫工艺可以减少二氧化硫的排放量，防止酸雨的形成。为了减少环境的污染，工厂排放烟气前要进行脱硫处理，利用电气自动化技术来脱硫，大大提高了脱硫的工作效率，保证了机器的安全运行。

（四）工业电气自动化技术的应用改革

应用工业电气自动化技术既可以实现工业电气自动化控制系统的最大化经济收益和智能化成效，还可以智能化运行、采集、处理、传输电网的调度信息数据，促进自动化控制朝着电气电网调度的方向发展。应用 PLC 技术和计算机网络技术是目前工业电气自动化控制系统发展过程中的核心改革。例如，可以在工业电气自动化控制系统中应用 PLC 技术，借由 PLC 技术的远程自动控制性能，对工业电气自动化控制体系进行远程编程，从工业电气自动化控制体系的工作流、温度、压力等方面入手，筛选出工业电气自动化控制系统采集的信息数据，然后储存和处理这些信息，全方位优化工业电气自动化控制系统的功能，全面提高工业电气自动化技术的经济效益和社会效益。

二、电气自动化技术在电力系统的具体应用

电气自动化技术在电力系统中占据着重要的地位。我国将电气自动化技术应用于电力系统的时间较晚，虽然近些年取得了显著成就，但与国外发达国家相比仍然存在较大的差距。因此，对电气自动化技术在电力系统的应用进行研究已经迫在眉睫。显而易见，电气自动化技术在监测、管理和维修电力系统等方面具有很大的作用，其能够借助计算机了解

电力系统实时的运行情况，还能够解决电力系统在监测、报警、输电等过程中存在的问题，扩大了电力系统的传输范围，提高了电力系统生产和输电的效率，使电力系统的运营获得了更大的经济价值。

科学技术的日益进步和信息技术的快速发展是电力系统不断前进的根本动力。随着计算机技术在电力系统中的应用，近年来，电力行业突飞猛进。在这种趋势下，传统的电力系统运行模式已经无法满足人们日益增长的需求，为了解放劳动生产力、节约劳动时间、降低劳动成本、促进资源的合理利用，将电气自动化技术应用于电力系统是大势所趋。将电气自动化技术应用于电力系统主要是指利用目前最先进的科技成果和最顶尖的计算机技术对电力系统的各个环节和进程进行严格的监管和控制，从而保证电力系统运行的稳定性和安全性。

我国电气自动化技术近几年因为 PLC 技术和计算机网络技术取得了卓越的成效，主要表现在对电力系统的不同关键步骤开展配电、供电、输电、变电等领域；我国电力体系的监控强度和信息化发展得到显著提升。

将电气自动化技术应用于电力系统离不开 PLC 技术的作用。PLC 技术是一项自动控制电力系统的技术，能够稳定电力系统的运作效能，减少电力体系的运作成本，确保电气自动化控制系统在分析、采集和传输电力体系的数据信息时更加可靠、稳定。

综上所述，通过对电气自动化技术在电力系统中的应用研究可知，将电气自动化技术应用于电力系统不仅有利于提高电力系统的工作效率，降低生产成本，还能够促进我国经济效益的增长。由此可见，电气自动化技术在电力系统中的应用是时代发展的必然趋势。

(一) 电气自动化技术在电力系统应用的发展方向

电气自动化技术改变了传统的发电、配电、输电形式，大幅度地提高了电力系统的工作效率和安全性，减轻了电力工作人员的负荷，并保证了电力工作人员的安全。同时，电气自动化技术改变了工作人员监控电力系统运行的方式，使电力工作人员在发电站内就可以监控整个电力系统的运行，并可以实时获取运行数据。现阶段的电力系统只能实现一些小故障的自主修理，对于一些较大的故障，电力系统无能为力，只能依靠人力来解决。相信在人工智能程度逐渐提高的未来，电气自动化控制系统会将电力系统的检测、保护、控制功能三位一体化，使电力系统更加安全和经济。

电气自动化技术正逐步朝着多元化、高效化的方向发展，因此，在电力系统中应用电气自动化技术时，多媒体信息技术、通信技术等技术也被应用其中。下面简要说明电气自动化技术在电力系统中的发展方向。

第一，目前我国电力系统中的电气自动化技术正在逐步朝着国际化标准的方向发展。为提高我国电力行业在国际市场中所占的份额，我国规范了电气自动化技术的国际标准。

第二，目前我国电力系统中电气自动化技术的主要发展方向是测量、控制、维护三位一体。为了提升电力系统的运作效能，简化工作流程，有效节约资源，提升系统运作过程中的安全性和稳定性，国内电力系统正在统一并整合测量、控制、维护三项功能。

第三，当前我国电力系统中电气自动化技术的具体发展方向是科技化。为了促进电力系统的良好发展，我国电力系统提升了对电子技术、计算机技术、通信技术等方面的要求，并将电气自动化技术优秀的科研结果积极投入到电力系统的实际应用中。

（二）电气自动化技术在电力系统的发展趋势

随着经济的快速发展和人们物质生活水平的提高，人们在生产和生活方面对电力的要求越来越高，传统的输配电控制技术和供变电技术无法满足群众日益增长的电力配送和生产需求。目前我国电力系统普遍应用电气自动化控制技术，这与电气自动化控制技术自身具备的安全、高效、稳定、快捷等优点以及国内电力系统的普遍、多元、复杂发展的特征不无关系。在电力系统中应用电气自动化技术，不仅可以提高电力公司的价值和市场竞争力，还可以增强电力供应的稳定性和安全性，提升电力的配送和生产效能，有效地降低电力系统的生产成本。现阶段，我国已经逐步优化和改善在电力系统中应用电气自动化技术的内容，电气自动化技术在电力系统中的应用呈现出以下趋势。

1. 向开放性趋势发展

电气自动化控制系统性能的提升在很大程度上取决于硬件技术的进步。近年来，单片机技术取得了长足的发展，其技术创新为电气自动化控制系统硬件技术的发展提供了支持，使电气自动化技术在电力系统中的应用呈开放性趋势。新型的电气自动化控制系统不仅要能满足运行快捷高效、成本低廉的要求，还要能为企业生产控制提供完善的平台，控制系统硬件的更新，这使电气自动化技术的开放性发展成为必然。尤其是在网络化时代，网络模块运行模式的出现为电气自动化控制系统提供了更多的通信途径，在一定程度上使系统的局部性能提升和整体性能提升成为可能。

2. 向网络化趋势发展

目前，电气自动化技术应用于电力系统的优势是强大的自我诊断和修复功能，使其能够精准有效地排除故障，避免故障和事故的发生。为了更进一步提升电气自动化控制系统的安全性，就要对系统进行网络化改进，增强系统的数据通信功能。对此，可以通过网络将不同的母线保护进行高度的集成，从不用回路的流量和计算机网络流量中获取电气设备的流量信息，进而为故障和母线的隔离打下基础，尽可能降低母线被切除的发生率。由此可见，电气自动化技术在电力系统中的应用呈网络化趋势。

3. 向智能化趋势发展

智能化是先进控制领域的整体发展方向，神经网络、遗传算法、模糊逻辑等人工智能技术在各大高新领域中都取得了技术方面的重大突破。在电力系统中，人工智能技术的应用可以有效地解决电气自动化控制系统中的线性问题，通过开展大量的故障样本训练，使系统智能化地找出故障并解决故障。由此可见，电气自动化技术在电力系统中的应用呈智能化趋势。

（三）电气自动化技术在电力系统中的应用

为了有效提升电力企业的生产收益，不同的发电厂中应该使用电气自动化技术，并建设分散测控系统。分散测控系统具备系统控制、展现一体化数据的功用，是通过以太网技术、远程工作站、数据通信体系等构成的分层次测控系统。分散测控系统可以确保电气设备的运作参数，可以确认不同电气设备的运作状态，判断其故障，对采集的数据进行整体分析。此外，将电气自动化技术应用于电力系统，可以将发电厂的生产数据作为统一调节电网的参考依据，促进电力企业向管理数字化、智能化的趋势发展。

1. 仿真技术

仿真技术不仅可以建设模拟的操作环境，而且可以合理地管理电力系统中的数据信息内容，还可以合理有效地监测电力系统中电气设备的实际状况，并模拟分析电气设备的故障或问题，从而消除故障，进一步提升电力系统的运作效能。

仿真技术将计算机等有关设备作为自身的载体，将信息技术作为自身的主要技术，通过各种技术的支撑协助，运用控制论、系统论等技术理念，实现了电力系统的仿真动态监测。仿真技术应用于电力系统不仅可以保障系统运作的可靠性和稳定性，还可以模拟各种境况，实现在正式监测前先开展仿真监测的目的。此外，电力系统可以通过仿真技术，利用计算机的 IP/TCP 功能，采集电力系统运作过程中产生的相关数据和信息内容，再借助网络传输方式将采集到的相关数据和信息送至发电厂的信息数据终端，以评价、审核电力系统的运作情况。

为了保障电力系统在运作过程中及时、准确地发现故障问题，可以在电力系统中运用仿真技术，促使电力系统运作的过程中对数据和信息内容进行有效的采集和判断。此外，仿真技术能够应用于电力系统的原因是，应用仿真技术可以促进系统输出大量实验数据，使其能够在同一时段完成各项操作，有助于实验人员测试新式设备，并且对监控内容实现同步化输出。

2. 人工智能技术

人工智能技术是指将计算机技术作为实行智能运行的主要技术，利用计算机模拟人类大脑的操作与反应，智能分析与采集数据信息内容的技术。在电力系统中应用人工智能技术，对控制和操作电力系统的机械化、智能化和自动化方面具备有利影响，大幅度提升了电力系统和电气设备的自动化水平，有利于及时维修电力系统的故障，并且主动反馈故障的信息内容。这是因为人工智能技术会在电力系统中安装自动化馈线终端，分析造成电力系统故障的因素，利用DTU、232串口或485串口终端连接故障信息，之后通过公用移动通信基站的路由器，将数据信息传输到发电厂的检测部门进行检测，检测部门会及时检测电力系统中的故障数据信息，找出电力系统发生故障的原因，及时维修电网系统。

就目前的科技水平而言，电力系统在主要工作原件、开关、警报设备等方面已经实现了智能化。这意味着工作人员能够通过计算机控制发生故障设备的开关、对电力系统中主要的发电设备进行实时监测并实现报警功能。传统的电力系统需要定期指派人员进行检测和维修，将人工智能技术应用于电力系统后，电力系统可以实现实时在线监控，记录设备运行过程中的每一份数据，并且能够实现有效地追踪故障因素，通过对设备记录数据的研究和分析及时发现设备存在的安全隐患，鉴别故障的程度。如果故障程度较低，电力系统可以通过自我修复消除故障；如果故障程度较高，电力系统可以向工作人员发出警报。由此可见，人工智能技术的应用不仅提高了电力系统的安全性，而且降低了电力设备的检修成本。

此外，人工智能技术在电力系统中的应用极大地提升了我国电力系统的安全性、稳定性和可控性。对于复杂的非线性系统而言，人工智能技术具有无法替代的重要作用，其在电力系统中的应用不仅提高了系统控制的灵活性、稳定性，还增强电力系统及时发现和排除故障的能力。在实际运行中，若是电力系统的某个环节出现故障，人工智能技术能够及时发现并做出相应的处理。与此同时，工作人员还能够利用人工智能技术对电网系统进行远程控制，提高了工作的安全性，增强了电力系统的可控性，进而提高了电力系统整体的工作效率。

3. 电气自动化技术在电网控制中的应用

检测装置可以对电网的实际运行状况进行动态、实时的监测，对电网运行过程中的各项数据进行记录，并且使用单独的通信网络采集各项数据，再将采集到的数据传送到调控中心，由调控中心实现对电力系统负荷的预测及状况评估等一系列工作，最后由调控中心对发电厂下发命令。这样一来，不仅确保了个体客户用电的稳定性，还进一步优化了电力系统的构成，从而完成了对电网的自动化调控。由此可见，电气自动化技术在电网控制中的应用具有重要的现实意义。

电气自动化技术可以自动调度电网内容，实时监控电网的运作情况。电气自动化技术在电网控制中的应用不仅提升了电力公司的经营效益和生产效益，还使电力公司转变了自身传统的生产和配送模式，为输配电的效能提供了高效保障。此外，电气自动化技术在电网控制中的应用可以提升电力系统采集运作信息数据的效能，实现实时监控电力系统中的设备运作的目的，使工作人员可以及时把握电力系统的设备运作状况，自主维修和排除设备故障，提升检修和维护电气设备的效率，从而促进电力生产从传统生产转变为智能生产。

4. 计算机技术的应用

从技术层面来分析，电气自动化控制技术取得成功的最重要因素就是与计算机技术的结合。计算机技术被应用在电力系统的运行检修、报警、分配电力、输送电力等重要环节，可以实现控制系统的自动化。计算机技术中应用最广泛的是智能电网技术。智能电网技术代替了人工对配电等需要高强度计算的工作进行作业，其被广泛应用于发电站和电网之间配电和输电的过程中，减轻了电力工作人员的负担，降低了人工出错的概率。电网的调度技术在电力系统中也是一个很重要的应用，它直接关系到电力系统的自动化水平，它的主要工作是收集各个发电站和电网的信息，然后对收集到的信息进行分类汇总，以便各个发电站和电网之间实现实时沟通联系，进行线上交易；对电力系统和各个电网的设备进行匹配，提高设备的利用率，降低电力的成本；记录数据，以便实时查看电力系统的运行状态。

5. 变电站自动化技术的应用

变电站是连接不同电网与发电站的媒介，也是电力系统中最重要的一个环节。基于计算机技术和电气自动化技术的应用，变电站可以实现自动化管理。在变电站实现自动化管理的过程中，它的部分二次设备也实现了电气自动化，其他的电气设备诸如输电线、变压器、光缆等也实现了数字化和自动化。例如，某区域利用光纤、电缆等设备替代以往的输电线。电气自动化技术在变电站的应用不仅实时记录了电力系统输电过程中的数据信息，监控了输电设备的运行状况，还能够模拟实际的输电情境，及时记录输电线中的电压数据。

我们可以从计算机技术和电气自动化技术两个方面来实现变电站的自动化改革，对电力系统中各类电气设备进行实时动态的监测活动，从而使工作人员及时了解变电站的真实运行状况；及时查找并排除设备在电力系统中的故障，实现对常见故障的自动化维修，从而减少检修行为，确保检修的效率。我们可以对电气自动化技术的变动站实行动态实时的监控，采集数据，从而全面掌控电气设备的运行情况，快速定位故障发生点，应用合理方法对故障进行清除。此外，还可以采用适合的继电器保护装置，当设备出现故障后，从整体设备中对出现问题的设备自动执行去除工作，从而使电力系统的故障损失率下降到较低水准。当前，变电站的智能化发展趋向使变电站在自动化变革的进程中，将本身所具有的优势充分发挥。

6. 数据采集与监视控制系统的应用

将监控控制系统和数据信息收集系统结合起来就产生了一种新的系统，即数据采集与监视控制系统（SCADA）。该系统是一种将计算机作为自身的基础实行电力自动化监控与分布控制的系统，是一种可以在电网生产的过程中对电气设备实行控制和调度的自动化系统。SCADA 系统对电力系统运行的稳定性和安全性起到积极作用，其主要工作内容是在电网运作时控制和监控电气设备，从而发挥调整参数、信号报警、收集电网系统信息、控制设备等方面的功用。此外，运用 SCADA 系统既可以使电力行业稳定高效的发展，使电力系统自动智能的运作，还可以减少电力工作人员的工作量。

三、电气自动化技术在煤矿生产领域的具体应用

提高效益和效率是煤矿生产的根本目标。随着煤矿生产规模的逐渐扩大，为提高煤矿的生产能力，煤矿企业对电气自动化技术提出了越来越高的要求。因此，强化电气自动化技术在煤矿生产领域的应用是大势所趋，这样不仅能够满足煤矿企业的发展要求，还有利于保证煤矿生产的安全。为了满足煤矿企业的需求，电气自动化技术逐步提升自身所涉及的操控精密程度及智能化程度，电气自动化技术逐渐朝着功能多样化、知识密集化和集成化方向转变。

电气自动化技术包括四个核心技术，即计算机技术、现代控制技术、通信技术和传感器技术，煤矿企业在应用电气自动化技术时也离不开这四个核心技术的支持。煤矿企业由于其特殊的工作环境和工作条件，对电气自动化技术的依赖程度较高，其未来的发展更是离不开电气自动化技术的支持。换言之，无论是现在还是未来，煤矿企业的特殊工作环境已经决定了电气自动化技术是煤矿生产中不可缺少的技术支持。

采煤机是挖掘煤矿时经常使用的设备之一。将电气自动化技术应用于采煤机，可以显著提升采煤机的挖掘效率。现阶段，我国大多数采煤机都可以实现 1000kW 以上的总功率，少数优秀的采煤机可以实现 1500kW 以上的总功率。在煤矿生产中，有些煤矿企业已经开始普遍使用电牵引采煤机，电牵引采煤机不仅可以提高工作效率和工作水平，还可以为企业带来巨大的生产收益。应用电牵引采煤机既在一定范围内提升了煤矿的实际产量，提升了煤矿企业的工作效率，保障了煤矿生产的安全性，又为煤矿企业带来了重要的价值。

自 20 世纪 80 年代开始，我国煤矿产量显著提升。在开采煤矿的过程中，由于采煤环境的不同，对采矿设备具有较高层次的要求，应用电气自动化技术成为必然选择。为了实现监控采煤过程的目的，煤矿企业应该在实际的控制过程中，应用远程监控方式，远程传输指令和监督采煤进程。为了保障采煤工作的高效率，降低能源的耗费，煤矿企业应该利用电气自动化技术来调整采煤机的功率，根据不同煤层的不同厚度状况，制订合适的开采计划。在井下运输煤矿时，国内的许多煤矿企业都会利用胶带运输设施，并将其与后期的 PLC 技术、DCS 架构体系和计算机技术相融合，最终构建起矿井安全生产体系，以此促进煤矿监控技术水平的提升。电气自动化技术在胶带运输设施中的应用也可以提升运输煤矿过程的安全性和高效性。

我国部分煤矿企业为了提升自身的生产效率，研发了胶带机的全数字直流调速体系，并应用了电气自动化集中监控体系，这在一定程度上促进了煤矿行业的发展。但是，这一举措也存在较多的不足之处，如缺乏安全性、无法满足生产需要等。目前，国内运用的晶闸管器件形成的斩波器是脉冲调速装置的主要方式。推行这项技术不仅可以提升煤矿运输设施的工作效率和安全性，还可以促使以 PLC 技术和计算机技术为关键内容的煤矿自动化体系的构建。此外，为了促进煤矿生产技术的成熟发展，可以借助电气自动化技术和变频技术的创新发展以及交频同步拖动调速体系的应用。

（一）排水系统中电气自动化技术的应用

为了提升排水系统的控制水平，使排水系统朝着自动化的方向发展，煤矿的排水系统中应该应用电气自动化技术。在煤矿的排水系统中应用电气自动化技术，具有以下优势：第一，可以实现无人操作，排水系统根据煤矿生产的需水量，合理有效地调节水泵的工作状况提供自动化调度服务，使水泵处于变频状况，实现节约能耗的目的；第二，可以利用电气自动化技术监控排水系统的实际状况，及时防范过载、负压等情况的出现，完成排水系统的自动保护工作；第三，可以收集系统产生的信息数据，并将其传输至控制中心，通过电气自动化技术有效地掌握排水系统的运作情况，合理地调整排水系统的运行。

（二）监控系统中电气自动化技术的应用

为了满足煤矿生产的需求，保障井下作业的安全性，大部分煤矿企业在监控体系中应用了电气自动化技术，并且配置了红外线自动喷雾装置、断电仪、风电闭锁装置、瓦斯遥测仪等设施。但是，这些安全设施的传感器存在种类少、寿命短、无法进行日常维护等弊端，导致煤矿企业无法顺利地运行监控体系，无法提高监控体系的利用率，对煤矿生产的可靠性造成十分严重的负面影响。基于此，为了保障煤矿生产的安全性，煤矿企业应该在监控系统的发展进程中，将改造和发展自动化的电气设备作为自身的应用前景。

（三）通风系统中电气自动化技术的应用

通风系统是煤矿生产过程中不可或缺的一项内容，通风系统不仅可以为煤矿生产提供基本的安全保障，还可以改善煤矿生产的具体环境。将电气自动化技术应用于煤矿通风系统，能够有效地控制通风系统的运作，划分通风系统的操作方式，如半自动、自动等，满足通风系统的多功能需求。

为了对通风系统进行合理的控制，煤矿企业应该利用电气自动化技术持续扩展煤矿生产中的通风系统的功能，如报警、记忆等功能，以此促进通风系统的有效运行。此外，为了促进煤矿生产的安全维护，煤矿企业应该借助电气自动化技术，将通风系统的多种功用进行集成和运用。

四、电气自动化技术在汽车制造与汽车驾驶领域的具体应用

（一）自动泊车、自动驾驶技术

汽车的自动泊车功能有效地解决了停车难的问题。利用自动泊车技术，驾驶员只需要在合适的停车位按下启动按钮，便可以完成自动泊车。同时，自动驾驶技术也可应用于汽车驾驶领域，自动驾驶技术因为具备自动避免碰撞的系统，发展前景同样广阔。

（二）主动巡航技术

主动巡航控制（ACC）系统是一种智能控制系统，主要基于定速巡航技术来自动调整车速，维持车身安全距离，以此达到自动加减车速的目的。计算机通过感应器提供的数据信息自动控制刹车系统和油门系统，既保障了驾驶员不使用双脚也能安全运行，还可以在

驾驶员对车速进行设置后，利用车前方的雷达感应器实现车距认知；车辆驾驶的方位可以通过方向角感应器得到认知；车速可以通过前后轮毂上轮速感应器进行测量；为了提升发动机的动力性能，调节车辆的车速，可以通过发动机的扭矩控制器和发动机控制器对车辆发动机的扭矩输出进行调节和测量。

（三）车道偏移技术

在汽车中配置车道偏移技术可以形成车道偏移警示系统，该系统以车道偏离预警与车道保持辅助为主，避免驾驶员频繁操作方向盘。其工作原理是：通过内后视镜上的单目摄像头，车道偏离警示系统可以精准识别车辆两侧车道线，当车辆在没打转向灯的状态下变道，系统会对驾驶者发出警示，驾驶者就可以根据系统警示修正方向盘，以保证车辆时刻在车道内行驶；如果系统在警示过后仍未得到驾驶员回应并修正方向盘，此时转向系统会自动修正方向盘，直至车辆回到车道中间。

（四）线控技术

线控技术由遥控自动驾驶仪发展而来。这种技术将感应器获取的信息传输给中央处理器，利用中央处理器的逻辑控制向对应的执行组织发送信息。此外，线控技术可以代替以往的机械架构对汽车的运动进行电子线控。

将线控技术应用于汽车驾驶领域主要依靠位移传感器来实现。位移传感器通常安装在油门踏板内部，以随时监测油门踏板的位置。当位移传感器监测到油门踏板的高度位置发生变化时，会瞬间将此信息送往汽车控制系统中的电控单元上，电控单元对该信息和其他系统传来的数据信息进行运算处理，计算出一个控制信号，通过线路送到伺服电动机继电器，伺服电动机驱动节气门执行机构，数据总线则负责系统电控单元与其他设备电控单元之间的通信。线控技术的优势在于：第一，反应快速（其反应时间大约为90ms），安全优势极为突出，可以大幅度缩短刹车距离；第二，由于没有液压系统，也就不会发生液体泄露。对于汽车来说，这一优势尤其重要，因为液体泄露可能导致短路或元件失效，进而导致交通事故的发生。将这一技术应用于汽车驾驶领域可以保障汽车驾驶者的安全，同时也可以降低汽车的维修成本。

（五）预碰撞安全系统

预碰撞安全系统通过车头前的毫米波雷达和挡风玻璃上的单目摄像头协同检测（毫米波雷达检测前方物体速度与距离，摄像头检测物体大小和形状）。当车辆在时速15～

180km/h 内，预碰撞安全系统判断前方可能会发生碰撞时，系统会及时发出红色警示和蜂鸣警报，提醒驾驶员注意，此时各刹车功能准备介入。如果此时驾驶员已经踩下制动，刹车辅助会立即介入，协助驾驶员制动车辆；如果驾驶员最终没能及时踩下制动，那么系统会自动制动，直至车辆刹停，避免事故发生，保护驾驶员的安全。

（六）动态雷达巡航控制系统

动态雷达巡航控制系统会在汽车车速处于 50~180 km/h 时开启，当驾驶者设定好跟车距离及巡航时速后，其他便可交给动态雷达巡航控制系统处理。若前方有车，系统会根据设定好的距离跟车；若前方无车，系统会按照巡航时速行驶；若突然有车插到前面，并且以比较慢的速度行驶，系统会在主动刹车后，继续按照跟车距离行驶。

与 ACC 主动巡航不同的是，动态雷达巡航控制系统通过与预碰撞系统协同工作，所涵盖的驾驶场景更加广泛，更大程度地解放了驾驶员的双脚。

（七）自动调节远光灯系统

自动调节远光灯系统利用摄像头检测前方车辆或对向车辆的灯光，如果检测到对向有来车，且远光可能会对对方的视线产生影响时，系统会自动将远光转为近光，避免给对向汽车造成威胁。当路面照明情况恶劣，且对向无来车时，系统会自动切换成远光，保持夜间视野的明澈。自动调节远光灯系统可以非常精准地自动切换远近光，避免驾驶者频繁地切换灯光，从而保证驾驶者可以专心驾驶，保护驾乘者的安全。

参考文献

[1] 樊培琴，马林，王鹏飞．建筑电气设计与施工研究［M］．长春：吉林科学技术出版社，2022.08.

[2] 李旭东，梁金海．建筑电气设计原理30讲［M］．北京：中国建材工业出版社，2018.05.

[3] 白永生．建筑电气常见二次原理图设计与实际操作要点解析［M］．北京：机械工业出版社，2022.08.

[4] 李岩，张瑜，徐彬．电气自动化管理与电网工程［M］．汕头：汕头大学出版社，2022.01.

[5] 刘春瑞，司大滨，王建强．电气自动化控制技术与管理研究［M］．长春：吉林科学技术出版社，2022.04.

[6] 郭廷舜，滕刚，王胜华．电气自动化工程与电力技术［M］．汕头：汕头大学出版社，2021.01.

[7] 侯正昌，梅奕．建筑电气与弱电工程制图［M］．西安：西安电子科技大学出版社，2017.02.

[8] 乔琳．人工智能在电气自动化行业中的应用［M］．中国原子能出版社，2019.10.

[9] 王雪梅．电气自动化控制系统及设计［M］．长春：东北师范大学出版社，2017.09.

[10] 李继芳．电气自动化技术实践与训练教程［M］．厦门：厦门大学出版社，2019.07.

[11] 连晗．电气自动化控制技术研究［M］．长春：吉林科学技术出版社，2019.05.

[13] 冯景文．电气自动化工程［M］．北京：光明日报出版社，2016.08.

[14] 王子若．建筑电气智能化设计［M］．北京：中国计划出版社，2021.01.

[15] 孙成群．建筑电气关键技术设计实践［M］．北京：中国计划出版社，2021.10.

[16] 王克河，焦营营，张猛．建筑设备［M］．北京：机械工业出版社，2021.04.

[17] 李明君，董娟，陈德明．智能建筑电气消防工程［M］．重庆：重庆大学出版社，

2020.08.

[18] 李秀珍，姜桂林．建筑电气技术［M］．北京：机械工业出版社，2020.09.

[19] 王刚，乔冠，杨艳婷．建筑智能化技术与建筑电气工程［M］．长春：吉林科学技术出版社，2020.09.

[20] 何良宇．建筑电气工程与电力系统及自动化技术研究［M］．文化发展出版社，2020.07.

[21] 岳井峰．建筑电气施工技术［M］．北京：北京理工大学出版社，2017.02.

[22] 毕庆，田群元．建筑电气与智能化工程［M］．北京：北京工业大学出版社，2019.10.

[23] 杜乐．建筑电气设计常用技术手册［M］．北京：机械工业出版社，2019.07.

[24] 许家宁．建筑电气设计及安装技能实训［M］．广州：华南理工大学出版社，2019.06.

[25] 冯波；刘玉梅，李少奎．如何识读建筑电气施工图［M］．北京：机械工业出版社，2019.11.

[26] 祁林，司文杰．智能建筑中的电气与控制系统设计研究［M］．长春：吉林大学出版社，2019.03.

[27] 汪永华．建筑电气第2版［M］．北京：机械工业出版社，2018.03.

[28] 李唐兵，龙洋．建筑电气与安全用电［M］．成都：西南交通大学出版社，2018.05.

[29] 郭福雁，乔蕾．建筑电气照明［M］．哈尔滨：哈尔滨工程大学出版社，2018.08.

[30] 王瑾烽，吕丽荣．电气施工技术［M］．武汉：武汉理工大学出版社，2018.08.